风景园林与城市更新的
研究与实践

杨 光　张朝辉　张金鹏　主编

哈尔滨出版社
HARBIN PUBLISHING HOUSE

图书在版编目（CIP）数据

风景园林与城市更新的研究与实践 / 杨光，张朝辉，张金鹏主编． — 哈尔滨：哈尔滨出版社，2024.1
ISBN 978-7-5484-7562-0

Ⅰ．①风… Ⅱ．①杨… ②张… ③张… Ⅲ．①园林设计—景观设计—研究②城市景观—景观设计—研究 Ⅳ．① TU986.2 ② TU984.1

中国国家版本馆 CIP 数据核字（2023）第 169532 号

书　　名：风景园林与城市更新的研究与实践

FENGJING YUANLIN YU CHENGSHI GENGXIN DE YANJIU YU SHIJIAN

作　　者：	杨　光　张朝辉　张金鹏　主编
责任编辑：	韩伟锋
封面设计：	张　华
出版发行：	哈尔滨出版社（Harbin Publishing House）
社　　址：	哈尔滨市香坊区泰山路 82-9 号　邮编：150090
经　　销：	全国新华书店
印　　刷：	廊坊市广阳区九洲印刷厂
网　　址：	www.hrbcbs.com
E - mail：	hrbcbs@yeah.net
编辑版权热线：	（0451）87900271　87900272
开　　本：	787mm×1092mm　1/16　印张：11.5　字数：250 千字
版　　次：	2024 年 1 月第 1 版
印　　次：	2024 年 1 月第 1 次印刷
书　　号：	ISBN 978-7-5484-7562-0
定　　价：	76.00 元

凡购本社图书发现印装错误，请与本社印刷部联系调换。

服务热线：　（0451）87900279

编委会

主 编
杨　光　北京市海淀区园林绿化服务中心
张朝辉　北京市海淀区园林绿化服务中心
张金鹏　北京市海淀区园林绿化服务中心

副主编
麻广睿　北京北林地景园林规划设计院有限责任公司
孙　淼　北京市海淀区园林绿化服务中心
王晓星　北京市海淀区园林绿化服务中心

编　委
李景承　北京市海淀区园林绿化服务中心
李志鹏　北京北林地景园林规划设计院有限责任公司
莫连华　北京市海淀区园林绿化服务中心
米振刚　北京市海淀区园林绿化服务中心
孙少婧　北京市海淀园林工程设计所有限公司
吴　迪　北京市海淀区园林绿化服务中心
杨晓涛　北京市海淀区园林绿化服务中心
张煌程　北京市海淀区园林绿化服务中心
赵书笛　北京北林地景园林规划设计院有限责任公司

（以上副主编排序以姓氏首字母为序）

前　言

随着社会的发展以及城市化进程的不断加快，人口、资源与环境问题逐渐成为 21 世纪人类共同面临的亟待解决的重大难题。风景园林作为生态环境和人文环境建设的必不可少的行业，承担着维系人类生态系统的重任。科学合理地进行风景园林的规划设计，是提高园林绿地的生态效能、改善人居环境质量、营造高品质空间景观的重要手段和基本保障，也是实现人与自然和谐共存、缓解与解决生态环境问题、促进城市可持续发展的正确选择和必由之路。

对美好城市景观的塑造与追求是城市建设永恒的主题，城市生活也需要宜居和具有自身特色的城市环境。在专业领域，城市景观研究一直是一个跨学科的方向，其产生及演变过程与景观的发展密不可分。从景观到城市景观，涵盖了风景园林学、建筑学、城市规划、城市设计、城市形态等。城市规划、建筑学、风景园林学领域内的学术交流，也不断提示着应当重新审视由专业设计主导下的城市景观更新策略。

本书对风景园林与城市更新进行了详细的研究和分析，首先概述了园林艺术的概念特点、色彩构图、艺术法则等，然后详细地分析了风景园林设计的基本原理、城市园林植物种植设计、城市园林绿地的效益以及城市绿地系统规划，之后探讨了园林规划设计的基本原理，最后在城市更新背景下对风景园林的设计进行思考，并列举出实践案例。

本书在编写过程中参考、引用了有关文献和资料，在此向相关作者表示诚挚的谢意。但由于笔者经验不足、水平有限，书中难免有疏漏之处，敬请广大读者、专家批评指正，以便今后改进。

目 录

第一章 园林艺术概述 ·· 1
- 第一节 园林艺术 ·· 1
- 第二节 园林色彩与艺术构图 ·· 18
- 第三节 园林艺术法则 ··· 22
- 第四节 园林意境的创造 ·· 27

第二章 风景园林设计的基本原理 ··· 38
- 第一节 风景园林规划设计的依据与原则 ··· 38
- 第二节 风景园林景观的构图原理 ·· 41
- 第三节 景与造景 ··· 53

第三章 城市园林植物种植设计 ·· 66
- 第一节 种植设计的基本原则 ·· 66
- 第二节 乔木灌木种植形式 ··· 69
- 第三节 藤蔓植物种植形式 ··· 74
- 第四节 花卉及地被种植形式 ·· 76

第四章 城市园林绿地的效益 ··· 82
- 第一节 城市园林绿化的属性 ·· 82
- 第二节 城市园林绿地的效益表现 ·· 83

第五章 城市绿地系统规划 ·· 98
- 第一节 规划目的、任务与原则 ··· 99
- 第二节 园林绿地类型与用地选择 ·· 101
- 第三节 城市园林绿地指标 ··· 107
- 第四节 城市园林绿地的结构布局 ·· 109
- 第五节 市绿地系统规划程序 ·· 112
- 第六节 城市绿地树种规划 ··· 114

第六章 园林规划设计基本原理 ·· 119
- 第一节 园林美学概述 ··· 119

第二节　形式美法则 …………………………………………………………… 122
　　第三节　园林空间艺术布局 …………………………………………………… 133
第七章　城市更新背景下的风景园林设计思考与实践 ………………………………… 140
　　第一节　城市更新的内涵及过程 ……………………………………………… 140
　　第二节　风景园林学科视角下的城市更新 …………………………………… 141
　　第三节　融入风景园林学科的城市更新路径 ………………………………… 142
　　第四节　案例实践 ……………………………………………………………… 146
参考文献 …………………………………………………………………………………… 172

第一章 园林艺术概述

园林景观，犹如散落在茫茫大千世界的璀璨星辰，装点着人类的生存环境。它们有的是鬼斧神工的自然天成，有的是精雕细琢的人为创造，但都闪耀着不同的奇光异彩，成为人类共享的艺术珍品。荡气回肠的黄河壶口瀑布、幽静秀丽的黄山，均为大自然的绝妙之笔，洋溢着美的旋律；而中国皇家园林的辉煌壮观，江南私家园林的秀美小巧，凝聚了人类创造的智慧，焕发着美的光彩。无论是自然天成的鬼斧神工，还是匠心独具的人为创造，这两种截然不同的园林景观却都体现着美的价值，均为人们所钟爱和神往。

第一节 园林艺术

一、园林的概念

园林，在不同的历史发展阶段有不同的内涵，不同的国家和地区对园林的界定也不尽相同。它是一个动态的概念，随着社会历史和人类认识的发展而变化。在中国，园林一词的含义尤其丰富。据历史文献记载，"园林"一词最早出现于魏晋南北朝时期，东晋陶渊明曾在《庚子岁五月中从都还阻风于规林二首》中就有佳句"静念园林好，人间良可辞"。"园林"是游赏园林从"园"字上分化出来的，至唐代得到了广泛的肯定和应用。元末明初，有"造园"一词代替了"园林"，出现了"造园学"。中华人民共和国成立初期，受苏联城市绿化的影响，"园林学"又替代了"造园学"。

所谓造园的"园"，就是指园林。造园就是指园林的建立和怎样建立园林。造园学即研究造园的学问，研究有关园林绿化建设理论和技术。主要研究绿地系统的规划，各种公用和专用绿地等设计、施工的原则和方法，以及造园史和国内外名园等。传统的造园学同样是以研究园林的设计、施工与维护为主要内容的科学。这与园林学的中心内容没有差别，所以造园学也可作为园林学的同义词。在我国，"园林"一词无论政界还是学界均普遍采用，尽管造园老前辈陈植先生提出"造园"二字比较得体，但至今无法再改了。

园林学是一门自然科学与社会科学交织在一起的综合性学科，其研究范围包括传统园林学、城市绿化、大地景观等三个层次。传统园林学主要包括园林形式、园林艺术、园林植物、园林建筑等分支学科。城市绿化是研究绿化在城市建设中的作用，确定城市绿地定额指标、城市绿地系统的规划和公园、街道绿地以及其他绿地的设计等。大地景观的研究是把大地自然景观和人文景观当作资源，从生态效益、社会效益、审美效益等方面进行评价和规划，使得在开发时最大限度地保存自然景观的同时合理利用土地。因此，园林是各门学科与文化艺术融合的结晶，是自然和人工的完美结合，既是对自然的模拟，也是对自然的升华，一草一木都能显示出造园者的匠心。可以说园林是综合运用生物科学技术、工程技术和美学理论来保护和合理利用自然环境资源，协调环境与人类经济和社会发展，创造生态健全、景观优美、具有文化内涵和可持续发展的人居环境的科学和艺术。

从广义的角度来看，园林可定义为：包括各类公园、庭院、城镇绿地系统、自然保护区在内的融自然风景与人文艺术于一体的为社会全体公众提供更加舒适、快乐、文明、健康的游憩娱乐的环境。现在所谓"园林"可以解释为"在城市建设中，凡是借靠植物改善环境的地方一律可以称为园林。"这种改善有两方面的含义，即城市环境美的改善和城市生态条件的改善。从狭义角度来看，园林又可定义为：在一定地域内运用工程技术和艺术手段，通过因地制宜地改造地形、整治水系、栽种植物、营造建筑和布置园路等方法创作而成的优美的游憩境域。

绿化是栽种植物以改善环境的活动。人类为了农林业的生产、减少自然灾害、改善卫生条件、美化环境进行栽植植物的活动，均可称为绿化。城市绿化是栽种植物以改善城市环境的活动。

凡是生长植物的土地，不论是自然植被或人工栽培的，包括农、林、牧生产用地及园林用地，均可称为绿地。城市绿地是以植被为主要存在形态，用于改善城市生态、保护城市环境、为居民提供游憩场所和美化城市的一种城市用地。园林绿地主要包括城市街道、广场、居住区、各类公园、风景区、机关、学校、工厂企业等。从某种意义上说，绿地包括天然的与人工的一切绿色地带，自然也包括园林。因此，园林也可以说是绿地的一种特殊形式。这也是城市、工厂中，尤其在行政上称其为绿化的主要原因。但实际上绿化是达成绿地的手段。一般局限于运用植物材料，以取得环境效益为主。而园林则往往运用多种素材，较多考虑风景效应。因此，园林比起一般绿地来说具有较高的艺术水平和游憩功能。通常我们说的绿地是指园林绿地，如绿地规划、某某绿地设计等，这些绿地就是指具有园林特点的绿地。

外文中与园林相近的名词还未发现，日语中的"造园"是指庭园与公园两大范畴的建造，是一个动名词。日本的园林史是以庭园的建造在先（日文称"庭造"），到1873年才正式由国家宣布建造公园，后者仅仅只有百年的历史，而且大部分是学自欧美。美国习惯用"风景"（landscape）这个名词，它的含义是指花园、公园和大面积风景区的自然景色和人力加工的面貌，甚至全部为人工模拟的自然景观也称为风景。

二、园林的产生

我国历史悠久，地域辽阔，素有"上下五千年，纵横一万里"之说。最早见于史籍记载的园林形式是"囿"，园林里面的主要构筑物是"台"。中国古典园林产生于"囿"和"台"的结合，时间在公元前11世纪，也就是殷末周初。从先秦的"囿""台""圃""苑"，到魏晋南北朝时期的自然山水园林，隋唐时期文人自然山水园的发展，两宋时期的人文写意山水园，元明清时期趋于成熟的中国古典园林。

"囿"是中国古代供帝王贵族进行狩猎、游乐的一种园林形式。供帝王在打猎的间隙观赏自然风景，其具备园林的基本功能和格局。

"台"即用土堆筑而成的高台，它的用处是登高以观天象、通神明。在生产力很低的上古时代，人们不可能科学地去理解自然界，因而视之神秘莫测，对许多自然物和自然现象都怀着敬畏的心情加以崇拜。山是体量最大的自然物，巍峨高耸仿佛有一种不可抗拒的力量，它高入云霄被人们设想为天神居住的地方。再加上风调雨顺是原始农业生产的首要条件，是攸关国计民生的第一要务。因此，周朝统治阶级的代表人物——天子和诸侯都要奉领土内的高山为神祇，用隆重的礼仪来祭祀它们，在全国范围内还选择位于东、南、西、北的四座高山定为"四岳"，受到特别崇奉，祭祀也最为隆重。这些遍布各地被崇奉的大大小小的山岳，在人们的心目中就成了"圣山"。然而，圣山毕竟路遥山险，难于登临。统治阶级想出一个变通的办法，就近修筑高台，模拟圣山。台是山的象征，有的台即是削平山头加工而成。周灵王的昆昭之台、齐景公的路寝之台、楚庄王的层台、楚灵王的章华台、吴王夫差的姑苏台等，都是历史上著名的台。

"圃"，说文"种菜曰圃"，《国语·周语》中记载"薮有圃草"。《周礼·职方》中记载"其泽薮曰圃田"，是人们种菜的园子。人们在种菜之外种植花草，其景观和种植过程也使人精神愉悦，生发了游玩的功能。囿圃概念的出现，人们并从此处得到乐趣，园林作为人们理想生活中的现实呈现，最终追求的是精神上的放松和愉悦。

"苑"是在囿的基础上发展起来的，在苑中饲养各种野兽，供主人们游猎，保留了囿的功能。历代帝王不但在都城建苑，在郊区和外地也建离宫、别苑，并且在整体布局上采用"一池三山"的建筑组群形式，在苑中建宫、建观，从而形成了宫苑。如：汉朝有上林苑（汉武帝刘彻扩建的上林苑，其中有苑二十六、宫二十、观三十五，地跨五县，周围三百里），南北朝有华林苑，隋朝有西苑，唐朝有大明宫，北宋有万岁山（后更名艮岳），明朝有西苑（今为北京的北海、中南海），清朝有圆明园、颐和园、承德避暑山庄等。

古典园林是对古代园林和具有典型古代园林风格的园林作品的统称。其间营建的各种园林，包括皇家园林、私家园林、寺观园林、公共园林等，不计其数。皇家园林指古代皇帝或皇室享用的，以游乐、狩猎、休闲为主，兼有治政、居住等功能的园林。私家园林指古代官僚、文人、地主、富商所拥有的私人宅园。寺庙园林指寺庙、宫观和祠院等宗教建筑的附属花园。诚然，古代园林无论是皇家园林，抑或是私家园林，大都是供帝王、封建文人、士大夫等避暑、处理政事、居住和聚会游乐的专用场所，呈现出明显的私人占有性。当社会稳定、百姓生活富足安宁，经济、文化生活逐渐繁荣的时期，休闲和娱乐的需求与日俱增，公共园林的雏形随之出现。

三、园林的基本要素

传统园林将造园要素分为五大类，即园林建筑、山水地形、植物与动物、园林道路和广场、园林小品。除此之外，还有其他次要因素，如风、雨、阳光、天空等。

（一）园林建筑

园林建筑是建造在园林和城市绿化地段内供人们游憩或观赏用的建筑物，常见的有亭、榭、廊、阁、轩、楼、台、舫、厅堂等。园林建筑不仅为游览者提供观景的视点和场所，还提供休憩及活动的空间。

园林建筑的特点是建筑散布于园林之中，使它具有双重作用，除满足居住休息或游乐等需要外，它与用地、花木共同组成园景的构图中心，创造了变化丰富的空间环境和建筑艺术。园林建筑有着不同的功能用途和取景特点，种类繁多。计成所著《园冶》中就有门楼、堂、斋、室、房、馆、楼、台、阁、亭、轩、卷、广、廊等15种之多。它们都是一座座独立的建筑，都有自己多样的形式，甚至本身就是一组组建筑构成的庭院，各有用处，各得其所。园景可以入室、进院、临窗、靠墙，可以在厅前、房后、楼侧、亭下，建筑与园林相互穿插、交融，你中有我、我中有你，不可分离。

（二）山水地形

地形是构成园林的骨架，是承载体，主要包括平地、土丘、丘陵、山峦、山峰、凹地、谷地、坞、坪等类型。地形要素的利用与改造，将影响园林形式、建筑布局、植物配植、景观效果、给排水工程、小气候等诸多要素。

中国园林讲究无园不山，无山不石。山体是构成大地景观的骨架，是水体、生物、天象依附而存的载体，在很大程度上决定了自然景观的性格特征。山体形象还必须具备足以成景的基本素质——奇，方能突出其异乎寻常的性格特征。古人常用"鬼斧神工"来形容山体之奇，"奇"可以理解为山岳景观资源中的共性自然要素，但在程度上又有所差异，内容也不尽相同。徐霞客曾说过"五岳归来不看山，黄山归来不看岳。"此话非褒此贬彼，而是用艺术夸张的手法赞叹黄山不同于一般的"奇"。它的"四绝"指石、松、云海、温泉。

中国园林艺术中出神入化的叠山造峰，皆源于人类对自然山岳景观的提炼升华。山峰既是登高远眺的佳处，又蕴含着千姿百态的绝妙意境，如黄山的梦笔生花、云南石林的阿诗玛影像、武夷山的玉女峰、张家界的夫妻岩等。山峰的高低以山麓平地至峰顶的相对高度来区分：超过1000m的为高山，如泰山、恒山、华山、衡山、嵩山、黄山、庐山、峨眉山、天柱山、九华山、武当山、崂山等。350~1000m为"中山"，数量较多；150~350m为"低山"，难于形成山岳景观。

山岳景观在总体构成上显示比例、主从、均衡、节奏、层次、虚实等形式美的规律，体现多样性与统一性的辩证关系。

水是园林中的"血液"和"灵魂"，给人以明净、清澈、近人、开怀的感受。园林无水则枯，得水则活。"仁者乐山，智者乐水。"中国古人十分重视风水之说，所谓"无村不卜"。今人之谓"风水"，一般认为语出晋人郭璞传古本《葬经》，谓："气乘风则散，界水则止，古人聚之使不散，行之使有止，故谓之风水。风水之法，得水为上，藏风次之。"理水与建筑气机相承，使得水无尽意，山容水色，意境幽深，形断意连，有绵延不尽之感。中国山水园林，都离不开山，更不可无水。我国山水园中的理水手法和意境，无不来源于自然风景中的江湖、溪涧、瀑布，源于自然，而又宛自天开。在园景的组织方面，多以湖池为中心，辅以溪涧、水谷、瀑布，再配以山石、花木和亭、阁、轩、榭等园林建筑，形成明净的水面、峭拔的山石，精巧的亭、台、廊、榭，复以浓郁的林木，使得虚实、明暗、形体、空间，给人以清澈、幽静、开朗的感觉，又以庭院与小景区构成疏密、开敞和封闭的对比，形成园林空间中一幅幅优美的画面，更有天光云影、碧波游鱼、荷花睡莲，为园林增添了无限生机。我国著名的湖泊景区有新疆的天池、天鹅湖，黑龙江省的镜泊湖、五大连池，青海的青海湖，云南的滇池、洱海，河北的白洋淀，江西的鄱阳湖，安徽的巢湖，山东的微山湖，江苏的太湖、洪泽湖，浙江的西湖、千岛湖，广东的星湖，等等。

园林中模仿或写意于自然的人工岛屿，数杭州西湖的三潭印月、北京颐和园的昆明湖三岛最负盛名。知名的自然岛屿有厦门的鼓浪屿、威海的刘公岛、苏州太湖的东山岛、哈尔滨的太阳岛、青岛的琴岛、烟台的养马岛。

文人墨客的诗文画作经常以泉作为吟咏的对象，还曾经品评出中国十大名泉：北京玉泉（天下第一泉）、无锡惠泉（天下第二泉）、杭州虎跑泉（天下第三泉）……现均为盛名天下的园林佳境。清代学者俞樾有极为形象的写照诗"重重叠叠山，曲曲环环路，叮叮咚咚泉，高高下下树"，极为形象地描述了贵州的花溪河三次出入于两山夹峙之中，入则幽深，不知所向，出则平衍，田畴交错，或突兀孤立，或蜿蜒绵亘，山环水绕、水青山绿、堰塘层叠、河滩十里的绮丽风光。

利用山石流水营造仿效自然佳境的溪涧景观，展示水景空间的迂回曲折和开合收放的韵律，是中国园林艺术中孜孜以求的上乘境界，不乏精品佳作传世。如号称庐山第一飞瀑的匡庐飞瀑，山涧汇聚流经香山峰、拔剑峰与鸣峰之间的悬崖断壁，跌落百余米，喷珠溅玉，声若雷鸣，其壮观之景因李白《望庐山瀑布》中"飞流直下三千尺，疑是银河落九天"的名句而著称于世。我国目前最大的贵州黄果树瀑布，宽约81m，落差74m。另外知名的还有：黑龙江的镜泊湖吊水楼瀑布，吉林长白山瀑布，浙江雁荡山的大、小龙湫瀑布，建德市的葫芦瀑，江西庐山的王家坡双瀑以及黄龙潭、玉帘泉、乌龙潭瀑布，等等。

宋代画家郭熙曾说："山以水为血脉，以草木为毛发，以烟云为神采。故山得水而活，得草木而华，得烟云而秀媚。"

园林理水对各类园林中水景的处理，是中国造园艺术的传统手法之一，也是园林工程的重要组成部分。传统的园林理水，是对自然山水特征的概括、提炼和再现，如自然的几何型的水池、叠落的跌水槽等。各类园林理水的形态表现在于风景特征的艺术真实和各类水的形态特征的刻画，如水体源流，水情的动、静，水面的聚、分，岸线、岛屿、矶滩的处理和背景环境的衬托等。

（三）植物与动物

园林植物是指凡根、茎、叶、花、果、种子的形态、色泽、气味等方面有一定欣赏价值的植物，又称观赏植物。中国素有"世界园林之母"的盛誉，观赏植物资源十分丰富。《诗经》曾记载了梅、兰草、海棠、芍药等众多花卉树木。数千年来，人们通过引种、嫁接等栽培技术培育了无数芬芳绚烂、争奇斗妍的名花芳草秀木，把一座座园林打扮得万紫千红，格外娇美。

园林中的树木花草，既是构成园林的重要因素，也是组成园景的重要部分。树木花草不仅是组成园景的重要题材，往往园林中的"景"有不少都以植物命名，又以建筑为标志。

我国历代文人、画家，常把植物人格化，并从植物的形象、动态、明暗、色彩、音响、色香等，直接从联想、回味、探求、思索的广阔余地中，产生某种情绪和境界，趣味无穷。

园林艺术中的建筑与山石水体，往往是形态固定不变的实体，植物则是随季节而变、随年龄而异的有生命物。植物的四季变化与生长发育，不仅使园林建筑空间形象在春、夏、秋、冬四季产生相应的季相变化，同时还可产生空间比例上的时间差异，使固定不变的静观建筑环境具有生动活泼、变化多样的季候感。此外，植物还可以起到分隔空间、软化硬质景观和协调建筑与周围环境的作用。

另外，在园林植物与水体的布局中，水中、水旁园林植物的姿态、色彩所形成的倒影，均可加强水体的美感。有的绚丽夺目、五彩缤纷，有的幽静含蓄、色调柔和。如英国谢菲尔德公园以云杉、柏的绿色为背景，春季突出红色杜鹃花、白色北美唐棣花，水边粉红色的落新妇、黄花鸢尾及具黄色佛焰苞的观音莲；夏季欣赏水中红、白睡莲；秋季湖边各种色叶树种，如北美紫树、卫矛、北美唐栎、落羽松、水杉等，红、棕、黄各色竞相争艳。沿湖游览，目不暇接，绚丽的色彩使人兴奋，刺激性很强。

自然界是动物、植物共生共荣构成的生物生态景观。因此，在园林中除了考虑植物要素外，还应考虑动物要素。古代园林与动物相伴相生，如秦汉以后中国园林进入自然山水阶段，聆听虎啸猿啼，观赏鸟语花香，寄情于自然山水，是皇室贵族怡情取乐的生活需要，也是文人士大夫追求的自然无为的仙境。近代园林兴起后，它们才真正分开。

园林景观规划时加入动物景观，对调节园林整体气氛作用很大，如莺声燕语、群鱼戏水、虫鸣蝉噪、蜂蝶逐花、鸟语花香使园林景观更为突出，宁静的更显幽静，缤纷的更显生动。

（四）园林道路与广场

园林道路和广场是园林的重要内容。园林道路是园林的脉络，是联系各景点的纽带，是构成园林景色的组成部分，它的规划布局及走向必须满足该区域使用功能的要求，同时也要与周围环境协调。某种意义上讲，广场是道路的扩大部分，也是道路的结点和休止符。在园林中的景观序列节奏变化中，往往因广场的出现而具有阶段性。广场与道路、建筑的有机组织，对于园林形式的形成起着决定性的作用，不论是规则的或自然的，还是混合的园林形式。

（五）园林小品

园林小品是指在园林中供人休息、观赏，方便游览活动，供游人使用，或为了园林管理而设置的小型园林设施。园林小品以其丰富多彩的内容、轻巧美观的造型，在园林中起着点缀环境、美化景色、烘托气氛、加深意境的作用。同时，很多园林小品本身又具有一定的使用功能，可满足各种游览活动的需要，因而成为园林中不可缺少的一个组成部分。

园林小品的内容包括园椅、圆凳、园灯、栏杆、花架、雕塑、花格、景墙、景窗、洞门、假山、置石、壁画、摩崖石刻、果皮箱、宣传牌、各种园林标志以及儿童游乐园中的玩具设施等。此外，园林小品也可以单独构成专题园林，如雕塑公园、假山园等。

园林建筑小品以其丰富多彩的内容和造型活跃在古典园林、现代园林、游乐场、街头绿地、居住小区游园、公园和花园之中。但在造园上它不起主导作用，仅是点缀与陪衬，即所谓"从而不卑，小而不卑，顺其自然，插其空间，取其特色，求其借景"，力争人工中见自然，给人以美妙意境，情趣感染。

四、园林艺术

园林艺术是指在园林创作中，通过审美创造活动再现自然和表达情感的一种艺术形式。园林艺术是时间加空间的艺术，是以鲜活植物为材料、有生命的综合空间的造型艺术。这是其他艺术所不具备的。自然景观的气象万千为园林艺术提供了生生不息的创作源泉。中国园林艺术是自然环境、建筑、诗、画、楹联、雕塑等多种艺术的综合。

园林意境是产生于园林境域的综合艺术效果，给游赏者以情意方面的信息，唤起以往经历的记忆联想，产生物外情、景外意。中国园林是中国传统文化的结晶，有广泛的包容性，与传统文化有着千丝万缕的联系。古代文化的各个方面几乎都能在古典园林中找到它们的身影，诸如文学、哲学、美学、绘画、戏曲、书法、雕刻、花木植物等。其中，与园林艺术关系最为密切的是传统诗文和画作。因此，中国古典园林享有"凝固的诗、立体的画"的盛誉。这些努力的结果一方面产生了造园艺术，另一方面产生了建筑艺术。前者在于创造一个人们理想中的充满诗情画意的场所，后者在于从生活实际出发，将建筑嵌入这个场所中，两者相辅相成，形成美好的人居环境。

（一）园林艺术的特征

中国的园林艺术源远流长。同时，在16世纪的意大利、17世纪的法国和18世纪的英国，园林也被认为是非常重要的艺术。在灿烂的艺术星河里，每门艺术都有其强烈的个性色彩。作为艺术的一个门类，园林艺术同其他艺术有许多相似之处，即通过典型形象反映现实，表达作者的思想感情和审美情趣，并以其特有的艺术魅力影响人们的情绪，陶冶人们的情操，提高人们的文化素养。除此之外，园林艺术还具有时代性、民族性、地域性和兼容性等自身特征。

（1）时代性。园林是社会历史发展的产物，其发展受到社会生产力水平、社会意识形态与文化艺术发展进程的影响，并反映特定历史时期人们的社会意识和精神面貌，表现出鲜明的时代特征。

（2）民族性。世界各民族都有自己的造园活动，由于其自然条件、哲学思想、审美理想和社会历史文化背景不同，形成了各自独特的民族风格。

（3）地域性。园林不仅是一种艺术形象，还是一种物质空间环境。造园活动深受当地自然环境的影响，造园时大多就近取材，尤其是植物景观，多半是土生土长、因地栽植的花草树木，这使园林艺术表现出极其明显的地域性。

（4）兼容性。园林艺术具有极强的兼容性，它汇集建筑、工程、工艺及植物栽培与养护技术于一体，同时又融合文学、绘画、雕塑、书法、音乐、工艺美术等多种艺术因素，着重于对诗画般意境的追求，甚至涉及宗教与哲学。

园林艺术也是生命的艺术，构成园林的主要素材之一是有生命的植物，它使园林景色随着一年四季的交替和阴晴雨雪自然天象的变化呈现出不同的面貌。园林艺术还具有很强的功能性特征，它需要不断满足人们对实用的、精神的诸多方面的要求。

（二）园林艺术的欣赏

欣赏，也是一门艺术，对于园林领域而言，其要旨在于能领略和品评各类园林的风格特点。每当跨入一座园林，领略到令人心旷神怡、赏心悦目的景色，你会发自内心的感慨，这就是通常所说的艺术鉴赏和审美观。

陈从周先生曾提出对园林景物的观赏有静观和动观之分，看与居，即静观；游与登，即动观。一般来说，造园家在创作园林之前就已经进行过慎重的考虑，给游人提供一系列驻足的观赏点，使游人在此得以进行全方位的艺术欣赏，通过"观""品""悟"等不同阶段和不同层次的体味，深入理解该园林的艺术价值。

1. "观"

"观"是园林欣赏的第一层面。园林中的景物以其实在的形式特征，向游人传递某种审美信息。中国人对园林美的欣赏有一种传统的观念，希望达到"鸟语花香"的境界。因此，欣赏园林就不只是简单的视觉需要，而是由听觉、嗅觉、触觉等共同参与的综合感知过程。极佳的景致，吸引游人在不知不觉间停留下来，驻足凝神。园路曲径，引导游人置身园中，廊引人随，移步换景。在观赏中国古代园林的过程中，游人尽情享受同自然之妙的美景，产生无尽的遐思。

园林是一个多维的空间，是立体的风景。对于园中纵向景观的观赏，还有俯视与仰视之别。"小红桥外小红亭，小红亭畔，高柳万蝉声"的词句不仅写出了园景的空间层次，同时"高柳"将游人的视线引向高处。

2. "品"

如果说，"观"是对园林景象的感性理解，"品"则是欣赏者根据自己的生活经验、文化素养、思想感情等，运用联想、思想、移情、思维等心理活动，扩充与丰富园林景象的过程。在这一过程中，欣赏者的联想与想象占主导地位，特别是中国古典园林，富有诗情画意和含蓄抽象的美。在游赏的过程中，欣赏者必须发挥诗人般的想象力，才能体验到园林景物具象之外的深远意蕴。

3. "悟"

如果说园林欣赏中的"观"和"品"是感知，是体验，是移情，是观赏者神游于园林景象之中而达到的物我同一的境界，那么，园林欣赏中的"悟"，则是理解，是思索，是领悟，是欣赏者沉入的一种回忆、一种探求、一种对园林意义深层而理性的把握。园林依存于自然，但归根结底是人创造的。人的思想，特别是造园师对自然的态度、对自然的理解，便自然地反映在园林的形式与内容上。"悟"的阶段正是欣赏者力图求得与造园师精神追求相契合的过程。

一座优秀的园林，之所以能吸引无数游人百看不厌，风景秀美是重要原因，但这并不是全部，其中文化与历史的因素也至关重要。在中国，无论是雅致的城市宅园，或是深山古刹，还是风景名胜区，随处可见雕刻于山石、悬挂于亭台楼阁的匾额、楹联，也随处可见写景咏物的诗词文赋。如"山山水水，处处明明秀秀；晴晴雨雨，时时好好奇奇"，这是杭州西湖中山公园里的一副对联，它以浓墨重笔写出了轻快蕴藉的辞境。书法真、草相间多变，与西湖山色空蒙的景致水乳交融，相得益彰，给游人以古典文化的熏陶，同时也大大地深化了园林景观的意境。

中国的山水画往往借助题跋来突破画面对景物的空间限制，生发出画外的思想感情。园林景物则是一幅立体的图画，不足之处也需要题以发之。这些楹联往往是画龙点睛之笔，写出了具体景物无法传达的人与事、诗与意。"西岭烟霞生袖底，东洲云海落樽前。"在北京颐和园的谐趣园里，是看不到西岭烟霞和东洲云海的，但是，当你深处园林环境之中，吟咏这副楹联，一切仿佛都呈现在眼前了。一副楹联扩大了景的境界，加深了景的意境，创造了景外之景。同时，文学艺术、书法艺术与园林景物、自然环境交相辉映，大大提升了园林艺术的品位。许多匾额、楹联还包含着丰富的历史典故和深刻的人生哲理。所以，欣赏园林艺术，一定要了解其产生的历史和文化背景，只有这样才能更好地理解园林艺术所包蕴的丰富内涵。

仙山琼岛、城市山林、洞中天地，它们不是对自然的直接模仿，也不是对自然植物的抽象和变形，而是艺术地表达对自然的认识、理解和由此而生的情感，创造出如诗如画的美景和出自天然的艺术韵律，正所谓"虽由人作，宛自天开"。人们在园林中追求真实的生命感受，寄托审美的情怀与理念。这就是以中国自然山水式园林为代表的东方园林。

五、世界园林体系与发展趋势

（一）世界园林体系

世界园林体系的划分，主要以世界文化体系为标准。文化体系的主要影响因素有种族、宗教、语言文字、风俗习惯、历史地理和文化交流等，尤其以种族、宗教和语言文字的影响最大。依据文化体系诸因素，并参考国内外有关园林体系划分理论与方法，将世界园林体系划分为三大体系，即欧洲园林体系、西亚园林体系和东方园林体系。

1. 欧洲园林

欧洲园林是以古埃及和古希腊园林为渊源，以法国古典主义园林和英国风景式园林为代表，以规则式和自然式园林构图为造园流派，分别追求人工美和自然美的情趣，艺术造诣精湛独到，为西方世界喜闻乐见的园林。欧洲园林的两大流派都有自己明显的风格特征，如规则式园林以明显的中轴线、开阔的视线、严整均衡的布局等特征，体现出一种庄重典雅和雍容华贵的气势。而风景式园林消除了园林与自然之间的界限，不考虑人工与自然之间的过渡，将自然作为主体引入园林中，并排除一切不自然的人工艺术，体现一种自然天成、返璞归真的艺术境界。欧洲园林作为一个成熟的风格，具备独特性、一贯性和稳定性三个特点。独特性，就是指它有一目了然的鲜明特色，与众不同；一贯性，就是指它的特点贯穿其整体和局部，直至细枝末节，很少芜杂的格格不入的部分；稳定性，就是它的特色不只是表现在几个建筑物上，而是表现在一个时期内的一批建筑物上，尽管它们的类型和性质不同。例如，西方古典园林以法国的规整式园林为代表，崇尚开放，流行整齐、对称的几何图形格局，通过人工美以表现人对自然的控制和改造，显示人为的力量。它一般具有中轴线的几何格局：地毯式的花圃草地、笔直的林荫路、整齐的水池、华丽的喷泉和雕像、成行定距的树木（或修剪成一定造型的绿篱）、壮丽的建筑物等，通过这些布局反映了当时的封建统治意识，满足其追求大排场或举行盛大宴会、舞会的需要，其最有代表性的是巴黎的凡尔赛宫。

古埃及园林一般是方形的，四周有围墙，入口处建塔门，由于气候炎热、干旱缺水，所以十分珍视水的作用和树木的遮阴。园内成排种植庭荫树，园子中心一般是矩形的水池，池中养鱼并种植水生植物，池边有凉亭。园林是规则式的，并且有明显的中轴线。

古希腊园林一般位于住宅的庭院或天井之中，园林是几何式，中央有水池、雕塑，栽植花卉，四周环以柱廊，这种园林形式为以后的柱廊式园林的发展奠定了基础。另外，神庙附近的圣林中有剧场、竞技场、小径、凉亭、柱廊等，成为公众活动的场所。

法国园林艺术成熟于欧洲文艺复兴后的17世纪，重在表现人的造园技巧，具有自己明显的风格特征。早期多为规则式园林，气势恢宏，视线开阔，严谨对称，构图均衡，以中轴对称或规则式建筑布局为特色，呈现出规整和有序的典型艺术特征。法国凡尔赛宫园林是欧洲园林的典型代表，整个园林由规整的几何图案构成，花坛、道路、水池、草坪和修剪过的矮树互相配合，平坦开阔，井然有序，雕像、喷泉等装饰协调布置，处处显示出规整式的特色。

17、18世纪，绘画与文学两种艺术中热衷自然的倾向影响英国的造园，加之中国园林文化的影响，英国出现了自然风景园。英国风景园一反意大利文艺复兴园林和法国巴洛克园林的传统，抛弃了轴线、对称、修剪植物、花坛、水渠、喷泉等所有被认为是直线的或不自然的东西，以起伏开阔的草地、自然曲折的湖岸、成片成丛自然生长的树木为要素，构成了一种新的园林。

2. 西亚园林体系

西亚园林体系以古巴比伦、波斯园林为代表，造园手法主要采取方直的规划、齐整栽植和规则的水渠，园林风貌较为严整，后来这一手法为阿拉伯人所继承，成为伊斯兰园林的主要传统。

西亚造园历史，据童寯教授考证，可推溯到公元前，基督圣经所指"天国乐园"（伊甸园）就在叙利亚首都大马士革。"幼发拉底河岸，早在公元前3500年就有花园。从公元前1900年至公元前612年，在幼发拉底河沿岸的美索不达米亚地区，先后建立了古巴比伦、亚述王国，一度使这一地区成为西亚的贸易与文化中心。该地气候湿润，有丰富的森林植被，从而形成了以森林为主体、以狩猎为主要功能的富于自然情趣的猎苑。在大型的猎苑中饲养着野牛、鹿、山羊、大象等动物，除大片森林外，还有人工种植的香木、柏木、石榴等。苑中开掘有水池，供动物饮用和植物灌溉，苑中还常常堆土成山，在上面建造神庙和祭坛。"（刘托，2008）该地区最知名的园林，便是传说中的古巴比伦空中花园，始建于公元前6世纪，是历史上第一名园，被列为世界七大奇迹之一。

古波斯的造园活动，是由猎兽的"囿"逐渐演进为游乐园的。波斯是世界上名花异草发育最早的地方，以后再传播到世界各地。公元前5世纪，波斯就有了把自然与人为相隔离的园林——天堂园，四面有墙，园内种植花木。在西亚这块干旱地区，水一向是庭园的生命。因此，在所有阿拉伯地区，对水的爱惜、敬仰，到了神化的地步，它也被应用到造园中。公元8世纪，西亚被伊斯兰教徒征服后的阿拉伯帝国时代，他们继承波斯造园艺术，在平面布置上把园林建成方形的"田"字状，用纵横轴线分作四区，十字林荫路交叉处设置中心水池和喷泉，花圃低于地面，为下沉式，建筑物位于园地的一端，把水当作园林的灵魂，使水在园林中尽量发挥作用，具体做法是点点滴滴，蓄聚盆池，再穿地道或明沟，延伸到每株植物的根系。这种造园手法在阿拉伯地区被继承下来，成为一种传统，影响遍及中东、北非、印度，后来传到意大利，更演变到鬼斧神工的地步，每处庭园都有水法的充分演绎，成为园林必不可少的点缀和独到之处。

3. 东方园林体系

在东方文明古国中，园林艺术一直被作为承载历史文明和彰显民族风情的有效载体。中国、印度等国在园林筑造方面都有着巨大的成就。东方园林主要以蕴藉恬静、淡泊循矩为美，重在情感上的感受和精神上的领悟。东方园林体系以中国园林为主要代表，中国在历史上曾建造过不可计数的精美园林，形成了有"凝固的诗、立体的画"之美誉的中国园林体系。

中国古典园林是风景式园林的典型，表现出中华民族的性格和文化传统。人们在一定空间内，经过精心设计，运用各种造园手法将山、水、植物、建筑等加以构配组合成源于自然而又高于自然的有机整体，将人工美和自然美巧妙结合，从而达到"虽由人作，宛自天开"的境界。中国园林讲究"三境"，即生境、画境和意境。

生境就是自然美，园林的叠山理水，模山范水，取局部之景而非整体。山贵有脉，水贵有源，脉源相通，全园生动。

画境就是艺术美，我国自唐宋以来，诗情画意就是园林设计思想的主流，明清时代尤甚。园林将封闭和空间相结合，使山、池、房屋、假山的设置排布，有开有合，互相穿插，以增加各景区的联系和风景的层次，达到移步换景的效果，给人以"柳暗花明又一村"的印象。

意境即理想美，它是指园林主人通过园林所表达出的某种意思或理想。这种意境往往以构景、命名、楹联、题额和花木等来表达。东方园林以中国古典园林为代表，基本上以写意为主，突出"言有尽而意无穷""言在此而意在彼"的韵味，崇尚自然美。

中国园林有区别于世界其他园林的四大特点，这四大特点是中国园林在世界上独树一帜的主要标志。

第一，本于自然、高于自然。自然风景以山、水为地貌基础，以植被做装点。山、水、植物乃是构成自然风景的基本要素，当然也是风景式园林的构景要素。但中国园林绝非一般地利用或者简单地模仿这些构景要素的原始状态，而是有意识地加以改造、调整、加工、剪裁，从而表现一个精练概括、典型化的自然。唯其如此，像颐和园那样的大型天然山水园才能够把具有典型风格的江南湖山景观在北方的大地上复现出来。这就是中国古代园林的一个最主要的特点——本于自然而又高于自然，这个特点在人工山水园的筑山、理水、植物配置、动物驯养等方面表现得尤为突出。

第二，建筑美与自然美有机融合。中国园林建筑能够与山、水、花木、鸟兽等造园要素有机地组织在一系列风景画面之中，突出彼此协调、互相补充的积极的一面，限制彼此对立、互相排斥的消极的一面。并且把后者转化为前者，从而在园林总体上达到一种人工与自然高度和谐的境界，一种"天人合一"的哲理境界。当然，并非任何园林均如此，其中亦有高下优劣之别。就现存的一些实例看，因建筑的充斥而破坏园林的自然天成之趣的情况也是有的。中国园林之所以能够把消极的方面转化为积极的因素以求得建筑美与自然美的融糅，固然由于传统的哲学、美学乃至思维方式的主导，而中国古代木构建筑本身所具有的特性也为此提供了优越的条件。木框架结构的个体建筑，内墙外墙可有可无，空间可虚可实、可隔可透。园林里面的建筑物充分利用这种灵活性和随意性创造了千姿百态、生动活泼的外观形象，获得与自然环境的山、水、花木、鸟兽密切嵌合的多样性。

第三，诗画的情趣，文学是时间的艺术，绘画是空间的艺术。园林的景物既需"静观"，也要"动观"，即在游动、进行中领略观赏，故园林是时空综合的艺术，中国园林的创作，比其他园林体系更能充分地把握这一特性。它运用各种艺术门类之间的触类旁通，熔铸诗画艺术于园林艺术，使园林从整体到局部都包含着浓郁的诗、画情趣，这就是通常所谓的"诗情画意"。

诗情，不仅是把前人诗文的某些境界、场景在园林中以具体的形象复现出来，还在于借鉴文学艺术的章法和手法，使园林规划设计颇多类似文学艺术的结构。中国古代山水画大师往往遍游名山大川，归来后泼墨作画，无不惟妙惟肖，巧夺天工。这时候所表现的山水风景，已不是个别的山水风景，而是画家主观意识的、对自然山水概括抽象提炼的结果。借鉴这一创作方法，并加以逆向应用，中国园林是把对大自然概括和升华的山水画，又以三维空间的形式复制到现实生活中来。这一方法常常应用于平地而起的人工山水园林中。

第四，深邃高雅的意境。中国园林不仅凭借具体的景观——山、水、花木、建筑所构成的各种风景画面来间接传达意境的信息，还运用园名、景名、刻石、匾额、楹联等文字方式直接通过文学艺术来表达和深化园林意境。再者，汉字本身的排列组合极富于装饰和图案美，它的书法是一种高超的艺术。因此，一旦把文学艺术、书法艺术与园林艺术直接结合起来，园林意境的表现便获得了多样的手法：状写、比附、象征、寓意、点题等，表现的范围也十分广泛：情操、品德、哲理、生活、理想、愿望、憧憬等。游人在园林中所领略的已不仅是眼睛看到的景观，还有不断在头脑中闪现的"景外之景"；不仅满足了感官（主要是视觉感官）上美的享受，还能够获得不断的情思激发和理念联想。从园林的创作角度讲，是"寓情于景"；从园林的鉴赏角度看，能"触景生情"。正由于意境涵蕴得如此深广，中国园林所达到的深邃而高雅艺术的境界，也就远非其他园林体系所能比拟了。

总体来看，中国园林富有诗情画意，"北雄南秀"，北方园林以北京颐和园、河北承德避暑山庄等大型皇家园林为主要代表，雄浑壮阔，南方园林以苏州拙政园、留园等小型私家园林为代表，精巧秀美。不管是北方的皇家园林，还是南方的私家园林，中国园林都推崇"虽由人作，宛自天开"的自然形态，主要采用自然的造园手法，"叠山要造成嵯峨如泰山雄峰的气势，造水要达到浩荡似河湖的韵致，既收录了自然山水美的千姿百态，又凝集了社会美和艺术美的精华，融合我国的叠山理水、建筑艺术、花草栽培以及文学绘画艺术于一体，在波光岚影之中掩映着亭台楼阁，是自然美和艺术美的统一"（张加勉，2008）。这是为了表现接近自然、返璞归真的隐士生活环境，同时也寄托了传统的"仁者乐山，智者乐水"理念，仿造自然，但又不矫揉造作。

东方园林中的日本园林也比较有特色，在长期的发展中逐渐形成了多种样式的"写意庭园"，讲究"一木一石写天下之大景"，造园细腻、雅致，独具特色。

恬静自然，"身心尘外远，岁月坐中长"是东方园林的重要特色。东方园林在哲学上追求的是一种混沌无象、清静无为、阴阳调和、天人合一的观念，看重的是人与自然之间和谐、相互依存的融洽关系。在东方园林中，自然物的各种客观属性如线条、形状、比例、组合，在审美意识中不占主要地位，却以对自然的主观把握为主，在空间上循环往复，峰回路转，以含蓄的"藏"的境界为上，是一种模拟自然、追寻自然的封闭式园林。有些流派如日本园林还将禅宗的修悟渗入一草一木、一花一石之中，使其达到佛教追求的"一花一世界，一树一菩提"的悟境。

（二）中国古典园林分类

1. 根据建筑风格和特点分类

（1）北方型

以北京为主，多为皇家园林。其规模宏大，建筑体态端庄，色彩华丽，风格上趋于雍容华贵，着重体现帝王威严与富贵的特色，如颐和园、北海公园、承德避暑山庄等，其中承德避暑山庄是我国现存最大的皇家园林。

（2）江南型

以苏州园林为代表，多为私人园林，一般面积较小，以精取胜。其风格潇洒活泼，玲珑素雅，曲折幽深，明媚秀丽，富有"江南水乡"之特点，且讲究山林野趣和朴实的自然美。善于把握有限的空间，巧妙地组合成千变万化的园林景色，充分体现了我国造园的民族风格，并广泛吸取了中国山水画的理论，如拙政园、网师园等。

（3）岭南型

以广东园林为代表，既有北方园林的稳重、堂皇和逸丽，又融会了江南园林的素雅和潇洒，并吸收了国外造园的手法，因而形成了轻巧、通透明快的风格，如广州越秀公园。

2. 按所属对象（园林的占有者）分类

（1）皇家园林

皇家园林是专供帝王休息享乐的园林。"普天之下莫非王土"，在统治者看来，江山都是皇家所有的。所以皇家园林特点是规模宏大，真山真水，园中建筑色彩富丽堂皇，建筑体形高大。著名皇家园林有北京的颐和园、北海公园，河北承德的避暑山庄。

（2）私家园林

私家园林是王公贵族、官宦富商、文人士大夫们的私有园林。由于建造面积、资金来源、典章制度等的限制，相比于皇家园林规模较小。其特点是建筑小巧玲珑，以拳石代山、以小池代水，植物种类较少，色彩淡雅素净。著名的私家园林有北京的恭王府，苏州的拙政园、留园、沧浪亭，上海的豫园，等等。

（3）寺庙园林

寺庙园林指佛寺、道观及历史名人纪念性祠庙的园林。著名的寺庙园林有北京潭柘寺、山东孔庙、太原晋祠、承德外八庙、杭州灵隐寺等。

（4）自然风景区

自然风景区指自然风景优美，人们乐于前往休憩游玩的地方。著名的自然风景区有安徽黄山风景区、江西庐山风景区、杭州西湖风景区、扬州瘦西湖风景区等。

3. 按照园林区位及布局风格分类

按照园林区位及布局风格分类，可分为北方园林、江南园林、岭南园林和少数民族园林。

（三）世界园林的发展趋势

世界园林的发展经历了农业时代、工业时代和后工业时代三个阶段，每个阶段都是与特定的社会发展相适应，都是在不断地迎接社会挑战中开拓专业领地，使园林专业人员在协调人与自然的关系中发挥了其他专业不可替代的作用。现代园林更具开放性，强调为公众群体服务，注重精神文化，并同城市规划、环境规划相结合，面向资源开发与环境保护，将景观作为一种资源对待，如美国有专门的机构及人员运用GIS系统管理国土上的风景资源，尤其是城市以外的大片未开发地区的景观资源。不同的社会阶段有不同的园林和相关专业，体现不同的服务对象、改造对象、指导思想和理念。随着社会的发展，人类面临来自生存方面的种种挑战，园林学科向纵深方向发展成为历史必然。

1. 现代园林面临的环境问题及挑战

（1）城市化进程加快，环境状况持续恶化，人居环境质量不断下降。

（2）土地资源极度紧张，城市绿地减少，建筑密度加大，城市人口急速膨胀。

（3）户外活动空间不足，难以满足人们身心再生过程的需求。

（4）自然资源有限，生物多样性保护迫在眉睫，整体自然生态系统十分脆弱。

（5）经济制约，难以实现高投入的城市园林绿化和环境维护工程。

（6）文化趋同性，传统园林文化、乡土文化及地方、民族文化受到前所未有的冲击。

（7）环境评价体系的量化需求与园林环境的复杂性之间的矛盾日益突出。

（8）人类生存环境可持续发展的要求。

2. 现代园林的发展特征

在现代社会、艺术和建筑的推动下，现代园林对工业社会人文和自然整体环境做出了理性的探索，使园林的发展进入了一个全新的时期，展望未来，现代园林发展有以下的特征：

（1）在重视园林艺术性的同时，更加重视园林的社会效益、环境效益和经济效益。

（2）保证人与大自然的健康，提高和改善自然的自净能力。

（3）运用现代生态学原理及多种环境评价体系，通过园林对环境进行有针对性的量化控制。

（4）在总体规划上，树立大环境的意识，把全球或区域作为一个全生态体来对待，重视多种生态位的研究，运用风景园林来调节。

（5）重视园林绿化的健康性，避免因绿化材料等运用不当对不同人群造成身体过敏性刺激和伤害。

（6）针对现代人的特点，重视园林环境心理学和行为学的研究。

（7）全球风景园林向自然、历史、人性复归，风格上进一步向多元化发展，在同建筑与环境的结合上，风景园林局部界限进一步弱化，形成建筑中有园林、园林中有建筑的格局，城市向山水园林化方向发展，但应注重保护和突出地方特色。

（8）绿色思想体系指导下的高技术运用在园林发展中的作用日益显著。

3. 现代园林景观规划设计的三元素

现代园林景观规划设计包括视觉景观形象、环境生态绿化和大众行为心理三方面内容，称为现代园林景观规划设计三元素。纵览全球景观规划设计实例，任何一个具有时代风格和现代意识的成功之作，无不包含着对这三个方面的刻意追求和深思熟虑，所不同的是视具体规划设计情况，三元素所占的比例不同而已。

（1）视觉景观形象。视觉景观形象是大家所熟悉的，它主要是从人类视觉形象感受要求出发，根据美学规律，利用空间实体景物，研究如何创造赏心悦目的环境形象。这需要景观美学的理论。

（2）环境生态绿化。环境生态景观是随着现代环境意识运动的发展，注入园林景观环境设计的现代内容，主要是从人类的心理感受要求出发，根据自然界生物学原理，利用阳光、气候、动植物、土壤、水体等自然材料，研究如何创造令人舒适的良好的物理环境。这些需要景观生态学的理论。

（3）大众行为心理。大众行为心理是随着人口增长、现代多种文化交流以及社会科学的发展而注入园林景观规划的现代内容。它主要是从人类的心理精神感受要求出发，根据人类在环境中的行为心理乃至精神活动的规律，利用心理、文化的引导研究如何创造使人赏心悦目、浮想联翩、积极向上的精神环境。这需要社会景观行为学的理论。

视觉景观形象、环境生态绿化和大众行为心理三元素对人们感受景观环境所起的作用是相辅相成、密不可分的。通过以视觉为主的感受通道，借助于物化了的景观环境形态，在人们的行为心理上引起反映，所谓鸟语花香、心旷神怡、触景生情、心驰神往。一个优秀的景观环境为人们带来的感受必定包含着三元素的共同作用，这也是中国古典园林中三境一体——物境、情境、意境的综合作用。"以铜为鉴，可以正衣冠；以人为鉴，可以明得失；以史为鉴，可以知兴替"，这是我国数千年来流传不衰的古训。对于我国的园林事业来说，借鉴中外园林历史发展的基础经验和教训，继承和弘扬人类创造的一切优秀园林文化，建设有中国特色的新型园林，仍然是具有重要理论价值与实践意义的。

诸多事实表明，在借鉴中外园林艺术的实践经验中至少还存在以下问题：第一，造园思想混乱，没有合理解决人的时代需求与保护自然遗产、人文遗产的关系；第二，生搬硬套，不顾本地人文历史环境与自然生态环境；第三，追求一时的经济效益或沽名钓誉，盲目蛮干。借鉴中外园林历史的公正态度应该是因地制宜，因"时"制宜，因园制宜。因地制宜是根据园林所在的地理环境和人文环境以决定园林风格；因"时"制宜就是根据园林所处的历史时期，按照时代背景以决定园林风格；因园制宜就是根据原来的场所或园林属性以决定园林风格。

4. 世界园林发展趋势

（1）园林风格趋向世界化。园林艺术风格作为一种优秀的世界文化，正朝着世界园林的目标迈进。首先，风格的形成，是受一定的地区、物质、文化等的差异影响而形成的风格差异，这种差异将会随着现代信息文化的广泛交流而逐渐缩小，并趋向于融合。其次，在人类社会发展史上，自然生态环境遭受了一次次的严重破坏，尤其是在20世纪五六十年代出现一系列的环境污染之后，人们才从大自然的报复中觉醒，并意识到环境污染是人类所面临的共同问题，全世界、全人类都有一个共同的愿望，"人类应该重新回到大自然中去"，只有这样人类才不至于消失在自己所创造的人工环境——城市中。以自然生态为主导的园林必将代替以视觉景观为主导的园林。

（2）园林形式趋向自然化、生态化。21世纪，在城市化加速发展的大背景下，经济与科技的飞速发展，导致生活方式的改变，进而人们价值观念的改变，城市居民的环境意识、生态意识日益增强，给城市绿地也提出了更高的要求。单纯的城市公园、城市园林绿化已不能满足人类的需求。为改善城市生态环境，满足人们生产、生活节奏不断加快，对休闲娱乐需求不断增加的要求，一些园林类型随着社会的发展将退出历史舞台，而一些新的园林空间则随着现代生活的需求而出现。如城郊绿地、国家公园、自然保护区、大型主题公园、观光农业园区、绿化广场、景观大道、风景旅游区等。

（3）园林技术趋向科技化。当今，现代科学技术正广泛应用于园林之中，为园林事业的发展起到了非常积极的作用。曾经有人预言"21世纪是生物时代"，正如过去20年是微电子时代一样，今后20年或将是生物时代。利用生物遗传工程技术获得遗传性状的改良，许多花卉、园林树木均可以通过生物技术的方法获得新品种和无病毒苗并进行大量繁殖。应用电子计算机在温室的管理，操纵温室内的各生态因子和栽培条件。应用航空遥感技术调查城市风景区的园林植物。在园艺栽培中，激素、复合肥料、鲜花保鲜剂的应用均取得了良好的效果。AutoCAD、LandCAD、Photoshop、3Dmax的使用，使得园林设计速度和设计质量发生质的变化。新材料、新结构、新设备、新设施使得园林创意、设计、施工管理发生了重大变化。

第二节　园林色彩与艺术构图

一、色彩的基础知识

（一）色彩的基本概念

色相：色相是指一种颜色区别于另一种颜色的相貌特征，即颜色的名称。

三原色：三原色指红、黄、蓝3种颜色。

色度：色度是指色彩的纯度。如果某一色相的光没有被其他色相的光中和，也没有被物体吸收，即为纯色。

色调：色调是指色相的明度。某一饱和色相的色光，被其他物体吸收或被其他补色中和时，就呈现出不饱和的色调。同一色相包括明色调、暗色调和灰色调。

光度：光度是指色彩的亮度。

（二）色彩的感觉

长时间以来，由于人们对色彩的认识和应用，使色彩在人的生理和心理方面产生不同的反应。园林设计师常运用色彩的感觉创造赏心悦目的视觉感受和心理感受。

温度感：温度感又称冷暖感，通常称为色性，这是一种最重要的色彩感觉。从科学上讲，色彩也有一定的物理依据，不过，色性的产生主要还在于人的心理因素、积累的生活经验，当人们看到红、黄、橙色时，在心理上就会联想到给人温暖的火光以及阳光的色彩，因此给红、黄、橙色以及这三色的邻近色以暖色的概念。可当人们看到蓝、青色时，在心理上会联想到大海、冰川的寒意，给这几种颜色以冷色的概念。暖色系的色彩波长较长，可见度高，色彩感觉比较跳跃，是一般园林设计中比较常用的色彩。绿是冷暖的中性色，其温度感居于暖色与冷色之间，温度感适中。

暖色在心理上有升高温度的作用，因此宜在寒冷地区应用。冷色在心理上有降低温度的感觉，在炎热的夏季和气温较高的南方，采用冷色会给人凉爽的感觉。从季节安排上，春秋宜多用暖色花卉，严寒地带更宜多用，而夏季宜多用冷色花卉，炎热地带用多了，还能引起消暑的凉爽联想。在公园举行游园晚会时，春秋可多用暖色照明，而夏季的游园晚会照明宜多用冷色。

胀缩感：红、橙、黄色不仅使人感到特别明亮清晰，同时有膨胀感，绿、紫、蓝色使人感到比较幽暗模糊，有收缩感。因此，它们之间形成了巨大的色彩空间，增强了生动的情趣和深远的意境。光度的不同也是形成色彩胀缩感的主要原因，同一色相在光度增强时显得膨胀，光度减弱时显得收缩。

冷色背景前的物体显得较大，暖色背景前的物体则显得较小，园林中的一些纪念性构筑物、雕像等常以青绿、蓝绿色的树群为背景，以突出其形象。

距离感：由于空气透视的关系，暖色系的色相在色彩距离上有向前及接近的感觉；冷色系的色相有后退及远离的感觉。另外光度较高、纯度较高、色性较暖的色，具有近距离感，反之，则具有远距离感。6种标准色的距离感按由近而远的顺序排列是黄、橙、红、绿、青、紫。

在园林中如实际的园林空间深度感染力不足时，为了加强深远的效果，做背景的树木宜选用灰绿色或灰蓝色树种，如毛白杨、银白杨、桂香柳、雪松等。在一些空间较小的环境边缘，可采用冷色或倾向于冷色的植物，能增加空间的深远感。

重量感：不同色相的重量感与色相间亮度的差异有关，亮度强的色相重量感小，亮度弱的色相重量感大。例如，红色、青色较黄色、橙色为厚重，白色的重量感较灰色轻，灰色又较黑色轻。同一色相中，明色调重量感轻，暗色调重量感重，饱和色相比明色调重，比暗色调轻色彩的重量感对园林建筑的用色影响很大，一般来说，建筑的基础部分宜用暗色调，显得稳重，建筑的基础栽植也多选用色彩浓重的种类。

面积感：运动感强烈、亮度高、呈散射运动方向的色彩，在我们主观感觉上有扩大面积的错觉，运动感弱、亮度低、呈收缩运动方向的色彩，相对有缩小面积的错觉。橙色系的色相，主观感觉上面积较大，青色系的色相主观感觉面积较适中，灰色系的色相面积感觉小。白色系色相的明色调主观感觉面积较大，黑色系色相的暗色调，感觉上面积较小；亮度强的色相，面积感觉较大，亮度弱的色相，面积感觉小；色相饱和度大的面积感觉大，色相饱和度小的面积感觉小；互为补色的两个饱和色相配在一起，双方的面积感更扩大；物体受光面积感觉较大，背光则面积感较小。

园林中水面的面积感觉比草地大，草地又比裸露的地面大，受光的水面和草地比不受光的面积感觉大，在面积较小的园林中水面多，白色色相的明色调成分多，也较容易产生扩大面积的感觉。在面积上冷色有收缩感，同等面积的色块，在视觉上冷色比暖色面积感觉要小，在园林设计中，要使冷色与暖色获得面积相同的感觉，就必须使冷色面积略大于暖色。

兴奋感：色彩的兴奋感，与其色性的冷暖基本吻合。暖色为兴奋色，以红橙为最；冷色为沉静色，以青色为最。色彩的兴奋程度也与光度强弱有关，光度最高的白色，兴奋感最强，光度较高的黄、橙、红各色，均为兴奋色。光度最低的黑色，感觉最沉静，光度较低的青、紫各色，都是沉静色，稍偏黑的灰色，以及绿、紫色，光度适中，兴奋与沉静的感觉也适中，在这个意义上，灰色与绿、紫色是中性的。

红、黄、橙色在人们心目中象征着热烈、欢快等，在园林设计中多用于一些庆典场面。如广场花坛及主要入口和门厅等环境，给人朝气蓬勃的欢快感。例如，1999年昆明世博园的主入口内和迎宾大道上以红色为主构成的主体花柱，结合地面黄、红色组成的曲线图案，给游人以热烈的欢快感，使游客的观赏兴致顿时提高，也象征着欢迎来自远方宾客的含义。

（三）色彩的感情

色彩美主要是情感的表现，要领会色彩的美，主要应领会色彩表达的感情。但色彩的感情是一个复杂而又微妙的问题，它不具有绝对的固定不变的因素，往往因人、因地及情绪条件等的不同而有差异，同一色彩可以引起这样的感情，也可以引起那样的感情，这对于园林的色彩艺术布局运用有一定的参考价值。

红色：使人产生联想的事物有火、太阳、辣椒、鲜血，能给人以兴奋、热情、活力、喜庆及爆发、危险、恐怖之感。

橙色：使人产生联想的事物有夕阳、橘子、柿子、秋叶，能给人以温暖、明亮、华丽、高贵、庄严、焦躁、卑俗之感。

黄色：使人产生联想的事物有黄金、阳光、稻谷、灯光，能给人以温和、光明、希望、华贵、纯净及颓废、病态之感。

绿色：使人产生联想的事物有树木、草地、军队，能给人以希望、健康、成长、安全、和平之感。

蓝色：使人产生联想的事物有天空、海洋，能给人以秀丽、清新、理性、宁静、深远及悲伤、压抑之感。

紫色：使人产生联想的事物有紫罗兰、葡萄、茄子，能给人以高贵、典雅、浪漫、优雅及忌妒、忧郁之感。

褐色：使人产生联想的事物有土地、树皮、落叶，能给人以严肃、浑厚、温暖及消沉之感。

白色：使人产生联想的事物有冰雪、乳汁、新娘，能给人以纯洁、神圣、清爽、雅致、轻盈及哀伤、不祥之感。

灰色：使人产生联想的事物有雨天、水泥、老鼠，能给人以平静、沉默、朴素、中庸及消极之感。

黑色：使人产生联想的事物有黑夜、墨汁、死亡，能给人以肃穆、安静、沉稳、神秘及恐怖、忧伤之感。

二、园林色彩构图

组成园林构图的各种要素的色彩表现，就是园林色彩构图。园林色彩包括天然山石、土面、水面、天空的色彩，园林建筑构筑物的色彩，道路广场的色彩，植物的色彩。

（一）天然山石、土面、水面、天空的色彩

（1）一般作为背景处理，布置主景时，要注意与背景的色彩形成对比与调和。

（2）山石的色彩大多为暗色调，主景的色彩宜用明色调。

（3）天空的色彩，晴天以蓝色为主，多云的天气以灰白为主，阴雨天以灰黑色为主，早、晚的天空因有晚霞而色彩丰富，往往成为借景的因素。

（4）水面的色彩主要反映周围环境和水池底部的色彩。水岸边植物、建筑的色彩可通过水中倒影反映出来。

（二）园林建筑构筑物的色彩

（1）与周围环境要协调，如水边建筑以淡雅的米黄、灰白、淡绿为主，绿树丛中以红、黄等形成对比的暖色调为主。

（2）要结合当地的气候条件设色。寒冷地带宜用暖色，温暖地带宜用冷色。

（3）建筑的色彩应能反映建筑的总体风格，例如，园林中的游憩建筑应能激发人们或愉快活泼或安静雅致的思想情绪。

（4）建筑的色彩还要考虑当地的传统习惯。

（三）道路广场的色彩

道路广场的色彩不宜设计成明亮、刺目的明色调，而应以温和的和暗淡的为主，显得沉静和稳重，如灰、青灰、黄褐、暗红、暗绿等。

（四）植物的色彩

（1）统一全局。园林设计中主要靠植物表现出的绿色来统一全局，辅以长期不变的及一年多变的其他色彩。

（2）观赏植物对比色的应用。对比色主要是指补色的对比，因为补色对比从色相等方面看差别很大，对比效果强烈、醒目，在园林设计中使用较多，如红与绿、黄与紫、橙与蓝等。

对比色在园林设计中，适宜于广场、游园、主要入口和重大的节日场面，对比色在花卉组合中常见的有黄色与蓝色的三色堇组成的花坛、橙色郁金香与蓝色的风信子组合图案等，这些都能表现出很好的视觉效果。在南绿树群或开阔绿茵草坪组成的大面积的绿色空间内点缀红色叶小乔木或灌木，形成明快醒目、对比强烈的景观效果。红色树种有长年树

叶呈红色的红叶李、红叶碧桃、红枫、红叶小檗、红继木等以及在特定时节红花怒放的花木，如春季的贴梗海棠、碧桃、垂丝海棠，夏季的花石榴、美人蕉、大丽花，秋季的木槿、一串红等。

（3）观赏植物同类色的应用。同类色指的是色相差距不大且比较接近的色彩，如红色与橙色、橙色与黄色、黄色与绿色等。同类色也包括同一色相内深浅程度不同的色彩，如深红与粉红、深绿与浅绿等。这种色彩组合在色相、明度、纯度上都比较接近，因此容易取得协调，在植物组合中，能体现其层次感和空间感，在心理上能产生柔和、宁静、高雅的感觉，如不同树种的叶色深浅不一：大叶黄杨为有光泽的绿色，小蜡为暗绿色，悬铃木为黄绿色，银白杨为银灰绿色，松柏为深暗绿色。进行树群设计时，不同的绿色配置在一起，能形成宁静协调的效果。

（4）白色花卉的应用。在暗色调的花卉中混入白色花可使整体色调变得明快；对比强烈的花卉配合中加入白色花可以使对比趋于缓和；其他色彩的花卉中混种白色花卉时，色彩的冷暖感不会受到削弱。

（5）夜晚的植物配置。在夜晚使用率较高的花园中，植物应多用亮度强、明度较高的色彩。可用白色、淡黄色、淡蓝色的花卉，如白玉兰、白丁香、茉莉、瑞香等。

第三节　园林艺术法则

园林风景是由许多景组成的，所谓"景"就是一个具有欣赏内容的单元，是从景色、景致和景观的含义中简化而来，也就是在园林中的某一地段，按其内容与外部的特征具有相对独立性质与效果即可成为一景。一个景的形成要具备两个条件，一是它本身具有可赏的内容，二是它所在的位置要便于被人觉察，二者缺一不可。

东西方的造园理论都十分重视景的利用，把景比作一幅壁画，比作舞台上的天幕布，比作音乐中的主旋律等，实际上就是景的序列，我们如何巧妙地去安排和布置，完全取决于造园家和设计者本身。

一、造园之始，意在笔先

意，可视为意志、意念或意境。强调在造园之前必不可少的创意构思、指导思想、造园意图，这种意图是根据园林的性质、地位而定的。《园冶·兴造论》所谓"……三分匠，七分主人……"之说，表现了设计主持人的意图起决定作用。

二、相地合宜，构园得体

凡造园，必按地形、地势、地貌的实际情况，考虑园林的性质、规模，构思其艺术特征和园景结构。只有合乎地形骨架的规律，才有构园得体的可能。《园冶》相地篇：无论方向及高低，只要"涉门成趣"即可"得景随形"，认为"园地唯山林最胜"，而城市地则"必向幽偏可筑"；旷野地带应"依于平岗曲坞，叠陇乔林"。就是说造园多用偏幽山林、平岗山窟、丘陵多树等地，少占农田好地，这也符合当今园林选址的方针。

在如何构园得体方面，《园冶》有一段精辟论述，"约十亩之地，须开池者三，……余七分之地，为垒土者四……"，这种水、陆、山三四三的用地比例，虽不可定格，但确有参考价值。园林布局首先要进行地形及竖向控制，只有山水相依、水陆比例合宜，才有可能创造好的生态环境。城乡风景园林应以绿化空间为主，绿地及水面应占有园林面积的80%以上，建筑面积应控制在1.5%以下，并应有必要的地形起伏，创造至高控制点。引进自然水体，从而达到山因水活的境地。

三、因地制宜，随势生机

通过相地，可以取得正确的构园选址，然而在一块地上，要想创造多种景观的协调关系，还要靠因地制宜、随势生机和随机应变的手法，进行合理布局。《园冶》中也多处提到"景到随机""得景随形"等原则，不外乎是要根据环境形势的具体情况，因山就势、因高就低、随机应变、因地制宜地创造园林景观，即所谓"高方欲就亭台，低凹可开池沼；卜筑贵从水面，立基先究源头，疏源之去由，察水之来历"，这样才能达到"景以境出"的效果。在现代风景园林的建设中，这种对自然风景资源的保护顺应意识和对园林景观创作的灵活性，仍是实用的。

四、巧于因借，精在体宜

风景园林既然是一个有限空间，就免不了有其局限性，但是具有酷爱自然传统的中国造园家，从来没有就范于现有空间的局限，而是用巧妙的"因借"手法，给有限的园林空间插上了无限风光的翅膀。"因"者，是就地审势的意思，"借"者，景不限内外，所谓"晴峦耸秀，钳宇凌空；极目所至，俗则屏之，嘉则收之……"，这种因地、因时借景的做法，大大超越了有限的园林空间，如北京颐和园远借玉泉山宝塔、无锡寄畅园仰借龙光塔、苏州拙政园屏借北寺塔、南京玄武湖公园遥借钟山。古典园林的"无心画""尺户窗"的内借外，此借彼，山借云海，水借蓝天，东借朝阳，西借余晖，秋借红叶，冬借残雪，镜借背景，墙借疏影。借声借色，借情借意，借天借地，借远借近，这真是放眼寰宇、博大胸怀的表现。用现代语言说，就是汇集所有外围环境的风景信息，拿来为我所用，取得事半功倍的艺术效果。

五、欲扬先抑，柳暗花明

一个包罗万象的园林空间，怎样向游人展示她的风采呢？东西方造园艺术似乎各具特色。西方园林以开朗明快、宽阔通达、一目了然为其偏好，而中国园林却以含蓄有致、曲径通幽、逐渐展示、引人入胜为特色。尽管现代园林有综合并用的趋势，然而作为造园艺术的精华，两者都有保留发扬的价值。究竟如何取得引人入胜的效果呢？中国文学及画论给了很好的借鉴，如"山重水复疑无路，柳暗花明又一村""欲露先藏，欲扬先抑"等，这些都符合东方的审美心理与规律。陶渊明的《桃花源记》给我们提供了一个欲扬先抑的范例，见溪寻源、遇洞探幽、豁然开朗、偶入世外桃源，给人无限的向往。如在造园时，运用影壁、假山水景等作为入口屏障；利用绿化树丛作隔景；创造地形变化来组织空间的渐进发展；利用道路系统的曲折引进，园林景物的依次出现，利用虚实院墙隔而不断，利用园中园、景中景的形式等，都可以创造引人入胜的效果。它无形中拉长了游览路线，增加了空间层次，给人们带来柳暗花明、绝路逢生的无穷情趣。

六、起结开合，步移景异

如果说欲扬先抑给人们带来层次感，那么起结开合则给人们以韵律感。写文章、绘画有起有结、有开有合、有放有收、有疏有密、有轻有重、有虚有实。造园又何尝不是这样呢？人们如果在一条等宽的胡同里绕行，尽管曲折多变、层次深远，却贫乏无味，游兴大消。节奏与韵律感是人类生理活动的产物，表现在园林艺术上，就是创造不同大小类型的空间，通过人们在行进中的视点、视线、视距、视野、视角等反复变化，产生审美心理的变迁，通过移步换景的处理，增加引人入胜的吸引力。风景园林是一个流动的游赏空间，善于在流动中造景，也是中国园林的特色之一。现代综合性园林有着广阔的天地、丰富的内容、多方位的出入口，多种序列交叉游程，所以不能有起、结、开、合的固定程序。在园林布局中，我们可以效仿古典园林的收放原则，创造步移景异的效果。比如，景区的大小，景点的聚散，绿化草坪植树的疏密，自然水体流动空间的收与放，园路路面的自由宽窄，风景林木的郁闭与稀疏，园林建筑的虚与实，等等，这种多领域的开合反复变化，必然会带来游人心理起伏的律动感，达到步移景异、渐入佳境的效果。

七、小中见大，咫尺山林

前面提到的因借是利用外景来扩大空间的做法。小中见大，则是调动内景诸要素之间的关系，通过对比、反衬，造成错觉和联想，达到扩大空间感，形成咫尺山林的效果。这多用于较小的园林空间，利用形式美法则中的对比手法，以小寓大，以少胜多。模拟与缩写是创造咫尺山林、小中见大的主要手法之一，堆石为山，立石为峰为塘，垒土为岛，都是模拟自然，池仿西湖水，岛作蓬莱、方丈、瀛洲之神山，使人有虽在小天地却置身大自然的感受。我国苏州狮子林、环秀山庄都是在咫尺之境，创造山峦云涌、峭崖深谷、林木丛翠之典型佳作。

八、虽由人作，宛自天开

无论是寺观园林、皇家园林还是私家庭园，造园者顺应自然、利用自然和仿效自然的主导思想始终不移，认为只要"稍动天机"，即可做到"有真为假，做假成真"，无怪乎外国人称中国造园为"巧夺天工"。

纵览我国造园范例，顺天然之理、应自然之规，用现代语言来说，就是遵循客观规律，符合自然秩序，善取天然精华，造园顺理成章。如《园冶》中论造山者"峭壁贵于直立；悬崖使其后坚。岩、峦、洞穴之莫穷，涧、壑坡、矶之俨是"。另有"未山先麓，自然地势之嶙嶒；构土成冈，不在石形之巧拙……""欲知堆土之奥妙，还拟理石之精微。山林意味深求，花木情缘易短。有真为假，做假成真……"又如理水，事先要"疏源之去由，察水之来历""山脉之通，按其水径；水道之达，理其山形"。做瀑布可利用高楼檐水，用大沟引流，"突出石口，泛漫而下，才如瀑布"。无锡寄畅园的八音涧是闻名的利用跌落水声造景的范例。

再如植物配植，古人对树木花草的厚爱，不亚于山水，寻求植物的自然规律进行人工配植，再现天然之趣。如《园冶》中多处可见"梧阴匝地，槐荫当庭，插柳沿堤，栽梅绕屋""移竹当窗，分梨为院""芍药宜栏，蔷薇未架；不妨凭石，最厌编屏……""开荒欲引长流，摘景全留杂树"。古人在植物造景中，突出植物特色，如梅花岭、柏松坡、海棠坞、木轩、玉兰堂、远香堂（荷花）等。清代陈扶瑶的《花镜》有"种植位置法"，其中有"花之喜阳者，引东旭而纳西晖；花之喜阴者，植北囿而领南熏""松柏……宜峭壁奇峰""梧竹……宜深院孤亭""荷……宜水阁南轩""菊……宜茅舍清斋""枫叶飘丹，宜重楼远眺"。

九、文景相依，诗情画意

中国园林艺术之所以流传古今中外，经久不衰，一是有符合自然规律的造园手法，二是有符合人文情意的诗、画文学。"文因景成，景借文传"，正是文、景相依，才更有生机。同时，也因为古人造园，到处充满了情景交融的诗情画意，才使中国园林深入人心，流芳百世。文、景相依体现出中国风景园林对人文景观与自然景观的有机结合，泰山被联合国列为世界文化与自然双遗产，就是最好的例证。泰山的宗教、神话、君主封禅、石雕碑刻和民俗传说，伴随着泰山的高峻雄伟和丰富的自然资源，向世界发出了风景音符的最强音。《红楼梦》中所描写的大观园，以文学的笔调，为后人留下了丰富的造园哲理，一个"湘馆"的题名就点出种竹的内涵。唐代张继的《枫桥夜泊》一诗，以脍炙人口的诗句，把寒山寺的钟声深深印在中国人的心底，每年招来无数游客，寒山寺才得以名扬海外。

中国园林的诗情画意，还集中表现在它的题名、槛联上。北京"颐和园"表示颐养调和之意；"圆明园"表示君子适中豁达、明静、虚空之意。表示景区特征的如避暑山庄康熙题三十六景四字和乾隆题三十六景三字景名。四字的有烟波致爽、水芳岩秀、万壑松风、锤峰落照、南山积雪、梨花伴月、濠濮间想、水流云在、风泉清听、青枫绿屿等；三字的有烟雨楼、文津阁、山近轩、水心棚、青雀航、冷香亭、观莲所、松鹤斋、知鱼矶、采菱霞、弧鹿坡、翠云岩、畅远台等。杭州西湖更有苏堤春晓、曲院风荷、平湖秋月、三潭印月、柳浪闻莺、花港观鱼、南屏晚钟、断桥残雪等景名。引用唐诗古词而题名的，更富有情趣，如苏州拙政园的"与谁同坐轩"，取自苏轼诗"与谁同坐，明月清风我"。利用匾额点景的如颐和园的"涵虚""罨秀"牌坊，涵虚一表水景，二表涵纳的意思；罨秀表示招贤纳士的意思。北海公园中的"积翠""堆云"牌坊，前者集水为湖，后者堆山如云之意，取自郑板桥诗"月来满地水，云起一天山"。如泰山普照寺内有"筛月亭"，因旁有古松铺盖，取长松筛月之意。亭之四柱各有景联，东为"高筑两椽先得月，不安四壁怕遮山"；西为"曲径云深宜种竹，空亭月朗正当楼"；北为"收拾岚光归四照，招邀明月得三分"；南为"引泉种竹开三迳，援释归儒近五贤"，对联出自四人之手。这种以景造名，又借名发挥的做法，把园景引入了更深的审美层次。登上泰山南天门，举目可见"门辟九霄仰步三天胜迹，阶崇万级俯临千嶂奇观"，真是一身疲惫顿消、满腹灵气升华。

杭州灵隐寺附近"飞来峰"景名给人带来无限的神秘感。雕在山石上的大肚弥勒佛两对联"大肚能容，容世间难容之事，开口常笑，笑天下可笑之人"，再看大肚佛憨笑之神态，真是点到佳处，发人深思。再如"邀月门"取自李白"举杯邀明月，对影成三人"，"松风阁"取自王维"松风吹解带，山月照弹琴"。除了引诗赋题名外，还有因景传文而名扬四海的，如李白的"朝辞白帝彩云间，千里江陵一日还。两岸猿声啼不住，轻舟已过万重山"，诗句给四川白帝城增了辉。对于园林中特定景观的文学描述或取名，给人们以更加深刻的诗情画意。如对月亮的形容有金瞻、金兔、金镜、金盘、银台、玉兔、玉轮、悬弓、婵娟、宝镜、素娥、瞻宫等。春景的景名有杏坞春深、长堤春柳、海棠春坞、绿杨柳、春笋廊等。夏景有曲院风荷，以荷为主的诗句："毕竟西湖六月中，风光不与四时同。接天莲叶无穷碧，映日荷花别样红"。夏景还有听蝉谷、消夏湾（太湖）、听雨轩、梧竹幽居、留听阁、远香堂（拙政园）。秋景有天香秋满（苏州退思园）、扫叶山房（南京清凉山）、闻木樨香轩、秋爽斋、写秋轩等。冬景有风寒居、三友轩、南山积雪、踏雪寻梅。

总之，文以景生、景以文传，引诗点景、诗情画意，这是中国园林艺术的特点之一。

十、胸有丘壑，统筹全局

写文章要胸有成竹，而造园者必须胸有丘壑、把握总体、合理布局、贯穿始终。只有统筹兼顾，一气呵成，才有可能创造一个完整的风景园林体系。

中国造园是移天缩地的过程，而不是造园诸要素的随意堆砌。绘画要有好的经营位置，造园就要有完整的空间布局。苏州沈复在《浮生六记》中说"若夫图亭楼阁，套室回廊，叠石成山，栽花取势，又在大中见小，小中见大，虚中有实，实中有虚，或藏或露，或浅或深，不仅在周回曲折四字，又不在地广石多徒烦工费"，这就是统筹布局的意思。对山水布局要求"山要环抱，水要萦回""山立宾主，水注往来"。拙政园中部以远香堂为中心，北有雪香云蔚亭立于主山之上，以土为主，既高又广；南有黄石假山作为入口障景，可谓宾山；东有牡丹亭立于山上，以石代土，可为次山；西部香洲之北有黄石叠落，可做配山；可见四面有山皆入画，高低主次确有别。《园冶》中说："凡园圃立基，定厅堂为主。先乎取景，妙在朝南，倘有乔木数株，仅就中庭一二。筑垣须广，空地多存，任意为持，听从排布；择成馆舍，余构亭台；格式随宜，栽培得致。"这就明确指出布局要有构图中心，范围要有摆布余地，建筑、栽植等格调灵活，但要各得其所。

造园者必须从大处着眼摆布，小处着手理微，用回游线路组织游览，用统一风格和意境序列贯穿全园。这种原则同样适用于现代风景园林的规划工作，只是现代园林的形式与内容有较大的变化幅度，以适应现代生活节奏的需要。

总之，造园者只有胸有丘壑、统观全局、运筹帷幄、贯穿始终，才能创造出"虽由人作，宛自天开"的风景园林总体景观。

第四节　园林意境的创造

园林均有意境，或直接表达，或间接表达。相对于西方园林，意境涵蕴是中国古典园林非常重要的特点和创作内容之一。风景园林规划设计的重点是通过对于环境的渲染以及气氛的烘托，来达到美学、文学以及景观功能相结合的目的。因此，规划设计中如何做好主题意境的渲染以及烘托就显得尤为重要，也是园林艺术设计中的重点。

构建优秀的园林景观时，必须首先确立一个卓尔不群、立意新颖、内涵深刻的主题，作为园林的"灵魂"和"统帅"，创造具备氛围融洽、主题突出和意境丰富等特点的园林环境。主题意境能够在有限的空间内表达出无限的精神内涵，因此，在设计时要充分把握和提炼自然、人文景观及元素等的形象、特点与特征，在设计者脑内形成具有一定精神寄托并且被景象化的概念，然后通过视觉、触觉和听觉等形式将这种概念具体化或抽象为符号，设计出优秀的作品，使观赏者在欣赏时能够得到情感和精神上的共鸣，感受到这种主题意境下设计者所要表达的精神理念与情感观念。这种主题意境的营造是抽象化和具象化的有机结合，在表达上倾向于含蓄，与中国传统文化中的言外之意、弦外之音有异曲同工之妙，通过调动人们的想象力来实现主题精神的传达。

皇家园林之所以采取圈形内心式布局，乃是由于"朕即一切"这一皇权主题所决定的，山区寺庙园林之所以采取步步登天式布局，乃是由于宗教的"朝天"这一神权的主题所决定的。它们极其注重主题的精神是可取的，具有一定的借鉴意义。

沧浪亭的园林主题是"沧浪之水，清可濯缨，浊可濯足"，富含人生的哲理。正因为它的主题立意极高，才保证了这座园林的文化品位极高。

个园的园林主题原是"竹"，"个"者，半个"竹"也，其命名原源于园主仿效苏东坡"宁可食无肉，不可居无竹"的诗意。但笔者以为个园最鲜明的个性不在于竹，而在于四季假山的布局。所谓"个"，其实非"竹"也，而是"特"也。由于它别出心裁的构思，才使它闻名遐迩。

因而，凡在构建新的园林之前，必须集中全部的精力，确立一个立意新颖、不落俗套，亦即"卓尔不群"的主题，创造主题意境，这才是保证构建新园林时成功之关键。此外，一个园林一般只以确立一个主题为好，不要确立多重主题。否则，就会杂乱无章、主次不明。

一、园林意境

（一）意境的内涵

所谓意境，从美学上讲，它是欣赏者在艺术形象的审美过程中获得的美感境界。它来源于艺术形象，但又不同于艺术形象。

意境是情景交融的观点，为我国传统的美学思想，它滥觞于南朝著名文学理论批评家刘勰的巨著《文心雕龙》一书，其在文学上的表现便是景与情的结合。因此，就园林艺术而言，意境就是由物境（园景形象）和情境（审美感情、审美评价、审美理想）在含蓄的艺术表现中所形成的高度和谐的美的境界。园林意境亦即园景形象与它们所引起欣赏者相应的情感、思想相结合的境界。例如，在我国传统园林的意境表达上，植物造景就有松之坚贞、梅之清高、竹之刚直不阿、兰之幽谷品质、菊之傲骨凌霜、荷花之出淤泥而不染等，在山水创作方面更有观拳山勺水如神游峻岭大川之说。[①]

意境是中国美学对世界美学思想独特而卓越的贡献，中国古典美学的意境说，在园林

[①] 曾艳，王植芳，陈丽. 风景园林艺术原理[M]. 天津：天津大学出版社，2015：102.

艺术、园林美学中得到了独特的体现。中国园林的美，并不是孤立的园景之美，而是艺术意境之美。因此，中国古典园林美学的中心内容，是园林意境的创造和欣赏。

在风景园林规划设计时，除了布置景物的形象，还要做巧妙处理，使这些形象能在欣赏者心目中产生设计预期的情思，形成或创造一定的意境，造园艺术才达到更高的境界。园林的设计布置如果只停留在外观的安排上，没有表达一定的情意，就形成不了相应的意境，美的效果必然是肤浅的，甚至仅是景象零碎或庞杂呆板的凑合。如果重视了意境的形成和创造，则能丰富欣赏内容，增加欣赏深广程度，产生更加动人的园景效应。

园林意境是比直观的园景形象更为深刻、更为高级的审美范畴。它融会了诗情画意与形象、哲理等精神内容，通过游人眼前具体的园景形象而暗示更为深广的优美境界，实现了"景有尽而意无穷"的审美效果。对于创作来讲，园林意境是客观世界的反映和创作者的主观意念及情感的抒发。对于欣赏者来说，园林意境既是客观存在的园林属性，又是游人主观世界浮想联翩的审美感受，并且这种感受是以游人对自然与生活的体验、文化素养、审美能力和对园林艺术语言的了解程度为基础，亦可谓"景感"。对创作者而言，园林意境是可知的，其构成可以通过理性的分析加以认识和掌握，作为创作的指导。对欣赏者而言，园林意境是比较隐晦的，因此，要充分领略其内容，也有一个提高文化与艺术修养的问题。

意境在文学上是景与情的结合，写景就是写情，见景生情、借景抒情、情景交融。古代有许多伟大的诗人善用对景物的描写，来表达个人的思想感情，如李白的《黄鹤楼送孟浩然之广陵》"故人西辞黄鹤楼，烟花三月下扬州。孤帆远影碧空尽，唯见长江天际流"，诗中虽只字未提诗人的感情如何，但是通过诗人对景物的描写，使读者清晰见到帆船早已远去，而送别的人还伫立在江边怅望的情景，那种深厚的友情溢盈于诗表。因此，以景抒情，情更真，意更切，更能打动读者的心弦，引起感情上的共鸣，这就是言外之意、弦外之音，确切地说，这就是意境。

（二）立意与意境的关系

一件艺术作品应该是主客观统一的产物，作者应该而且可以通过丰富的生活联想和虚构，使自然界精美之处更加集中，更加典型化，就在这个"迁想妙得"的过程中，作者会自然而然地融进自己的思想感情，而在作品上也必然会反映出来。这是一个"艺术构思"的过程，是"以形写神"的过程，是"借景抒情"的过程，是使"自然形象"升华为"艺术形象"的过程，也就是"立意"和创造"意境"的过程。

作者越是重视这个"造境"过程，收到的艺术效果也必然越好。清代画家方薰在他所著《山静居画论》中提到："笔墨之妙，画者意中之妙也。故古人作画，意在笔先"；"作画必先生立意以定位，意奇则奇，意高则高，意远则远，意深则深，意古则古，意庸则庸，俗则俗矣"。由此可见"立意"是何等重要。可以这样认为：没有"生活"，也就无从"立意"，而"生活"却顺归于"立意"，没有"立意"，也就没有"意境"，作品就失去了灵魂。"意"

即作者对景物的一种感受，进而转化为一种表现欲望和创作激情，没有作者能动地通过对象向观众抒发和表达自己的思想感情，艺术就失去了生命，作品就失去了感染观众的魅力。由此可见，"立意"是"传神"和创造"意境"的必由之路。

写景是为了写情，情景交融，意境自出，所以一切景语皆情语。园林设计是用景语来表达作者的思想感情的。人们处在园林这种有"情"的环境中，自然会产生不同深度的联想，最后概括、综合，使感觉升华，成为意境。有些园林工作者对自然风景没有深刻感受，总是重复别人的，甚至把园林设计公式化，尽管穷极技巧，却总让人感到矫揉造作，缺乏感人的魅力，这种作品是没有艺术价值的。自己没有感动，就谈不上感动别人，更谈不上有意境的创造。对欣赏者而言，因人而别，见仁见智，不一定都能按照设计者的意图去欣赏和体会，这正说明了一切景物所表达的信息具有多样性和不定性的特点，意随人异，境随时迁。

二、园林意境的表达方式

园林意境的表达方式可以分为直接表达方式和间接表达方式。

（一）直接表达方式

在有限的空间内，凭借山石、水体、建筑以及植物等四大构景要素，创造出无限的言外之意和弦外之音。

1. 形象的表达

园林是一种时空统一的造型艺术，是以具体形象表达思想感情的。例如，南京莫愁湖公园中的莫愁女，西湖旁边的鉴湖女侠秋瑾，东湖的屈原，上海动物园的欧阳海和草原英雄小姐妹以及黄继光、董存瑞、刘胡兰等都能使人产生很深的感受。神话小说中的孙悟空，就会使人想到"今日欢呼孙大圣，只缘妖雾又重来"。见岳坟前跪着的秦桧夫妇，就会联想到"江山有幸埋忠骨，白铁无辜铸佞臣"。在儿童游园或者小动物区用卡通式小屋、蘑菇亭、月洞门，使人犹如进入童话世界。再如，山令人静，石令人古，小桥流水令人亲，草原令人旷，湖泊和大海令人心旷神怡，亭台楼阁使人浮想联翩，等等，不需要用文字说明就可使人感觉到。

2. 典型性的表达

鲁迅说过："文学作品的典型形象的创造，大致是杂取种种人，合成'一个'。这一个人与生活中的任何一个实有的人都'不似'。这不似生活中的某一个人，但'似'某一类人中的每一个人，才是艺术要求的典型形象。"堆山置石亦然，中国古典园林中的堆山置石，并不是某一地区真山水的再现，而是经过高度概括和提炼出来的自然山水，用以表达深山大壑、广宙巨泽，使人有置身于真山水之中的感觉。

3. 游离性的表达

游离性的园林空间结构是时空的连续结构。设计者巧妙地为游赏者安排几条最佳的导游线，为空间序列喜剧化和节奏性的展开指引方向。整个园林空间结构此起彼伏，藏露隐现，开合收放，虚实相辅，使游赏者步移景异，目之所及，思之所至，莫不随时间和空间而变化，似乎处在一个异常丰富、深广莫测的空间之内，妙思不绝。

4. 联觉性的表达

由甲联想到乙，由乙联想到丙，使想象越来越丰富，从而收到言有尽而意无穷的效果。扬州个园中的四季假山，以笋石表示春山、湖石代表夏山、黄石代表秋山、宣石代表冬山，在神态、造型和色泽上使人联想到四季变化，游园一周，有历一年之感，周而复始，体现了空间和时间的无限。

在冬山的北墙上开了四排24个直径尺许的圆洞，当弄堂风通过圆洞时，加强了北风呼号的音响效果，加深了寒冬腊月之意。在东墙上开两个圆形漏窗，从漏窗隐约可见翠竹石笋，具有冬去春来之意。作者用意之深，使人体会到意境的存在，起到神游物外的作用。由滴水联想到山泉，由沧浪亭联想到屈原与渔父的故事。当时屈原被放逐，有渔父问他为何被逐。答曰："举世皆浊我独清，举世皆醉我独醒。"渔父答曰："沧浪之水清兮，可以濯吾缨；沧浪之水浊兮，可以濯吾足。"看到残荷就想到听雨声，都是联觉性在起作用，也就是在园林中用比拟联想的手法获得意境。

5. 模糊性的表达

模糊性即不定性，在园林中，我们常常看到介于室内与室外之间的亭、廊、轩等。在自然花木与人工建筑之间，有叠石假山，石虽天然生就，山却用人工堆叠。在似与非似之间，我们看到有不系舟，既似楼台水榭，又像画舫航船。水面上的汀步分不清是桥还是路，粉墙上的花窗，欲挡还是欲透，圆圆的月洞门，是门却没有门扇，可以进去，却又使人留步。整个园林是室外空间，却园墙高筑与外界隔绝，是室内空间，却又阳光倾泻，树影摇曳，春风满园。几块山石的组合堆叠，是盆景还是丘壑？是盆景，怎么能登能探，充满着山野气氛？是丘壑，怎么又玲珑剔透，无风无霜？回流的曲水源源而来、缓缓而去，水头和去路隐于石缝矶凹，似有源，似无尽。

在这围透之间、有无之间、大小之间、动静之间和似与非似之间，在这矛盾对立与共处之中，形成令人振奋的情趣，意味深长。由此可知模糊性的表达发人深思，往往可使一块小天地，一个局部处理变得隽永耐看、耐人寻味。《白雨斋词话》中有一段话："意在笔先，神余言外"，"若隐若见，欲露不露，反复缠绵，终不许一语道破"。换一句话说：一切景物不要和盘托出，应给游赏者留有想象的余地。

（二）间接表达方式

园林意境的间接表达方式，主要包括利用光与影、色彩、声响、香气以及气象因子等来创造空间意境。

1. 光与影

（1）光是反映园林空间深度和层次的极为重要的因素。即使同一个空间，由于光线不同，便会产生不同的效果，如夜山低、晴山近和晓山高是光的日变化，给景物带来视觉上的变化。由明到暗、由暗到明和半明半暗的变化都能给空间带来特殊的气氛，可以使人感觉空间扩大或缩小。

①天然光。在天然光和灯光的运用中，对园林来说，天然光更为重要。春光明媚、旭日东升、落日余晖、阳光普照以及床前明月光、峨眉佛光等都能给园林带来绮丽景色和欢乐气氛。利用光的明暗与光影对比，配合空间的收放开合，渲染园林空间气氛。以留园的入口为例，为了增强欲放先收的效果，在空间极度收缩时，采用十分幽暗的光线，当游人通过一段幽暗的过道后，展现在面前的是极度开敞明亮的空间，从而达到十分强烈的对比效果。在这一段冗长的空间，通过墙上开设的漏窗，形成一幅幅明暗相间、光影变化、韵味隽永的画面，增加了意趣。

②灯光。灯光的运用常常可以创造独特的空间意境，如颐和园的后湖，由于空间开合收放所引起的光线明暗对比，使后湖显得分外幽深宁静。乐寿堂前的什锦灯窗，利用灯光造成特殊气氛，每当夜幕降临，周围的山石、树木都隐退到黑暗中，独乐寿堂游廊上的什锦灯窗中的光在静悄悄的湖面上投下了美丽的倒影，具有岸上人家的意境。

杭州西湖三潭印月的三个塔，塔高 2.32m，中间是空的，塔身有五个圆形窗洞，每到中秋夜晚，塔中点灯，灯影投射在水中和天上的明月相辉映，意境倍增。喷泉配合灯光，使园林夜空绚丽多彩、富丽堂皇，园林中的地灯更显神采。

（2）影是物体在光照下所形成的，只要有光照，就会有影的产生，即形影不离。例如，"亭中待月迎风，轩外花影移墙""春色恼人眠不得，月移花影上栏杆""曲径通幽处""浮萍破处见山影""隔墙送过秋千影""无数杨花过无影"，在古典文学的宝库中，写影的名句俯拾皆是。

在园林诸影中，如檐下的阴影、墙上的块影、梅旁的疏影、石边的怪影、树下花下的碎影，以及水中的倒影都是虚与实的结合、意与境的统一。而诸影中最富诗情画意的首推粉壁影和水中倒影。

①粉壁影。作为分割空间的粉墙，本身无景也无境。但作为竹石花木的背景，在自然光线的作用下，无景的墙便现出妙境。墙前花木摇曳，墙上落影斑驳。此时墙已非墙，纸也；影也非影，画也。随着日月的东升西落，这幅天然图画还会呈现出大小、正斜、疏密等不同形态的变化，给人以清新典雅的美感。

②水中倒影。水中倒影在园林中更为多见。倒影比实景更具空灵之美，如"水底有明月，水上明月浮，水流月不去，月去水还流"。宋代大词人辛弃疾《生查子·独游雨岩》一词云："溪边照影行，天在清溪底。天上有行云，人在行云里。"都说明了水中倒影给游

人增添无穷的意趣。从园林造景和游人欣赏心理来看，倒影较之壁影更有其迷人之处。倒影丰富了景物层次，呈现出反向的重复美。

重复作为一种艺术手法，被广泛运用于各类艺术形式中，但倒影的重复，却不是顺序的横向重复，它是以水平面为中轴线的岸上景物的反向重复，能使游人产生一种新奇感。江南园林面积一般不大，为求得小中见大的效果，亭台廊榭多沿水而建，倒影入水顿觉深邃无穷。再衬以蓝天白云、红花绿草、朗日明月，影中景致更是美妙无比。"形美以感目，意美以感心"，这是鲁迅先生论述中国文字三美中的两个方面。园林虚景中的影，则集这二美于一身。

2. 色彩

随光而来的色彩是丰富园林空间艺术的精粹。色彩作用于人的视觉，引起人们丰富的联想。利用建筑色彩来渲染环境，突出主题；利用植物色彩渲染空间气氛，烘托主题；这在中国园林中是最常用的手法。有的淡雅幽静，清新和谐，有的则富丽堂皇，宏伟壮观，都极大地丰富了意境空间。在承德避暑山庄中的"金莲映日"一景，在大殿前植金莲万株，枝叶高挺，花径二寸余，阳光漫洒，似黄金布地。康熙题诗云："正色山川秀，金莲出五台，塞北无梅竹，炎天映日开。"可见当年金莲盛开时的色彩，所呈现的景色气氛，致使其诗情焕发。

3. 声响

声在园林中是形成感觉空间的因素之一，它能引起人们的想象，是激发诗情的重要媒介。在我国古典园林中，以赏声为景物主题者为数不少。诸如鸟语虫鸣、风呼雨啸、钟声琴韵等，以声夺人，使人的感情与之共鸣，产生意境。例如，《园冶》中"鹤声送来枕上""夜雨芭蕉，似杂鲛人之泣泪""静扰一榻琴书，动涵半轮秋水"等的描写，都极富意境。古园中以赏声为题的有惠州西湖的"丰湖渔唱"、杭州西湖的"南屏晚钟"和"柳浪闻莺"、苏州留园的"留听阁"、避暑山庄的"万壑松风"、扬州瘦西湖的"石壁流淙"以及无锡寄畅园的"八音涧"等，这些景名不但取景贴切，意境内涵也很深邃。

利用水声是创造意境最常用的手法，如北京中南海的"流水音"，由一座亭子、泉水及假山石构成，亭子建于水中，由于亭子的地面有一个九曲沟槽，水从沟中流过，叮当有声故名。在这一个不大的、由假山环抱的小空间中，由于流水潺潺，顿觉亲切和宁静。无锡寄畅园内的八音涧，将流水的音响比喻成金、石、土、革、丝、木、匏、竹八类乐器合奏的优美乐谱。北京颐和园的谐趣园设有响水口，使这一组古朴典雅的庭园空间更为高雅幽静。北京圆明园的"日天琳宇"有响水口，水流自西北而东南，流水的声音，竟成为宫廷的音乐，使园林空间增添情趣。

利用水声反衬出环境的幽静。唐朝王维"竹露滴清响"的诗句，静得连竹叶上的露珠滴入水中的声音都能听见，带出幽静意境。仅仅用一滴水声，便能把人引入诗一般的境界。

溪流泻涧给人一种轻松愉快的感觉，飞流喷瀑予人以热烈奔腾的激情。此外，还可以利用风声、树叶声来创造空间意境。万壑松风是古代山水画的题材，常用来描写深山幽谷和苍劲古拙的松树。承德避暑山庄的"万壑松风"一景就是按"万壑松风"这个意境来创造的。在山坡一角设一建筑，在其周围遍植松树，每当微风吹拂，松涛声飒飒在耳，使人们的空间感得到升华。

4. 香气

香气作用于人的感官虽不如光、色彩和声那么强烈，但同样能诱发人们的精神，使人振奋，产生快感。因而香气亦是激发诗情的媒介，形成意境的因素。例如，兰香气可浴，有诗赞曰："瓜子小叶亦清雅，满树又开米状花，芳香浓郁谁能比，迎来远客泡香茶。"含笑"花开不张口，含笑又低头，拟似玉人笑，深情暗自流"。桂花"香风吹不断，冷霜听无声。扑面心先醉，当头月更明"，郭沫若赞道"桂蕊飘香美哉乐土，湖光增色换了人间"。

香花种类很多，有许多景点因花香而得名。例如，苏州拙政园"远香堂"，南临荷池，每当夏日，荷风扑面，清香满堂，可以体会到周敦颐《爱莲说》"香远益清"的意境。网师园中的"小山丛桂轩"，留园的"闻木樨香轩"都因遍栽桂花而得名，开花时节，异香袭人，意境十分高雅。杭州满觉陇，秋桂飘香，游客云集，专来此赏桂。广州兰圃，兰蕙同馨，兰花盛开时，一时名贵五羊城。无锡梅园遍植梅花，梅花盛开时构成"香雪海"，远方专程赏梅者络绎不绝。咏梅诗古往今来也是最多的。

5. 气象

气象是产生深广意境的重要因素。由于气象造就的意境在诗词中得到广泛的反映，如描写乐山乌龙寺的"云影波光天上下，松涛竹韵水中央"；描写北京颐和园的"台榭参差金碧里，烟霞舒卷画图中"；描写南昌百花洲的"枫叶荻花秋瑟瑟，闲云潭影日悠悠"；描写上海豫园得月楼的"楼高但任云飞过，池小能将月送来"；描写苏州沧浪亭的"清风明月本无价，近水远山皆有情"；描写杭州西湖的"水光潋滟晴方好，山色空蒙雨亦奇，欲把西湖比西子，淡妆浓抹总相宜"。

同一景物在不同气候条件下，也会千姿百态、风采各异，如"春山淡冶而如笑，夏山苍翠而如滴，秋山明净而如妆，冬山惨淡而如睡"。同为夕照，有春山晚照、雨霁晚照、雪残晚照和炎夏晚照等，上述各种晚照使人产生的感情反映是不一样的。

中国人爱在山水中设置空亭一座。戴醇士曰："群山郁苍，群木荟蔚，空亭翼然，吐纳云气。"一座空亭，竟成为山川灵气动荡吐纳的交点和山川精神聚积的处所。张宣题倪云林画《溪亭山色图》诗云："石滑岩前雨，泉香树杪风，江山无限景，都聚一亭中。"柳宗元的二兄在马退山建造了一座茅亭，屹立于苍莽中的大山，耸立云际，溪流倾注而下，气象恢宏。承德避暑山庄"南山积雪"一景，仅在山庄南部山巅上建一亭，称为南山积雪亭，是欣赏千里冰封、万里雪飘、银装素裹、玉树琼枝的最佳处。

扬州瘦西湖的"四桥烟雨楼"是当年乾隆下江南时，欣赏雨景的佳处。在细雨蒙蒙中遥望远处姿态各异的四座桥，令人神往，故有"烟雨楼台山外寺，画图城郭水中天"的意境。

综上所述，诱发意境空间的因素有很多，诸如景物的组织、形态、光影、色彩、音响、质感、气象因子等都会使同一个空间带来不同的感受。这些形成意境空间的因素很难用简单明确的方式来确定，因为在具有感情色彩的空间中一加一并不等于二。只能通过对比把一种隐蔽着的特性强调出来，引起某种想象和联想，使自然的物质空间派生出生动的、有生气的意境空间。人们依靠文明，依靠形象思维的艺术处理，能动地创造出园林意境。

三、园林意境的创造手法

（一）情景交融的构思

园林中的景物是传递和交流思想感情的媒介，一切景语皆情语。情以物兴，情以物迁，只有在情景交融的时刻，才能产生深远的意境。

情景交融的构思和寓意，运用设计者的想象力，去表达景物的内涵，使园林空间由物质空间升华为感觉空间。同诗词、绘画、音乐一样，为观赏者留下了一个自由想象、回味无穷的广阔天地，使民族文化得到比诗画更为深刻的身临其境的体验。

不过情景交融的构思与寓意，通过塑造园林景物和创造意境空间，交流人的思想感情有时代、阶级和民族的差异。在古典园林中，意境最深也只是属于过去的，虽然遗存下来，但并不完全被现代人理解和接受。

园林中的假山是中国园林的特点，但真正堆得好的假山并不多见。上海龙华公园的"红岩"假山和广州白云宾馆的石景都巍然挺拔、气势磅礴，毫无矫揉造作之意，却有刚毅之感。同是用石，其构思寓意具有强烈的时代感。广州东方宾馆的"故乡水"使海内外游子感到分外亲切，此景、此意、此情更为浓郁。

中国古典园林对园林意境的创造及情景交融的构思可谓出神入化，如扬州个园和苏州耦园。

1. 扬州个园

扬州个园的四季假山相传出自大画家石涛之手。他在一个小小的庭院空间里布置以千山万壑、深溪池沼等形式为主体的写意境域，表达"春山淡冶而如笑，夏山苍翠而如滴，秋山明净而如妆，冬山惨淡而如睡"的诗情画意。以石斗奇，结构严密，气势贯通，可谓别出心裁、标新立异。

四季假山是该园的特色，表达了园主的构思寓意。

春石低而回，散点在疏竹之间，有雨后春笋、万物苏醒的意趣；也有翠竹凌霄、粉墙为纸、天然图画之感。

夏石凝而密，漂浮于曲池之上，有夏云奇峰、气象瞬变的寓意；也有湖石停云、水帝洞府、绿树浓荫、消暑最宜之感。

秋石明而挺，冗立于塘畔亭侧，有荷销翠残、霜叶红花的意境；也有黄石堆山、夕阳吐艳、长廊飞渡、转为秋色之感。

冬石柔而团，盘萦于墙脚树下，有雪压冬岭、孤芳自赏的含义，亦有北风怒号、狮舞瑞雪、通过圆窗探问春色之感。

在一个小小的庭园空间里，景与情交融在一起，可谓"遵四时以叹逝，瞻万物而思纷"的真实写照。再观其用色，春石翠、夏石青、秋石红、冬石白，用石色衬托景物的寓意，渲染空间气氛，给人以极深的感受。

2. 苏州耦园

第二个情景交融的例子是苏州耦园。耦园的主人沈秉成是清末安徽的巡抚，丢官以后，夫妇双双到苏州隐居。他出身贫寒，父亲靠织帘为生，这个耦园是他请一位姓顾的画家共同设计建造的。"耦园"的典型意境在于夫妻真挚诚笃的感情。

在西园有"藏书楼"和"织帘老屋"，织帘老屋四周有象征群山环抱的叠石和假山，这个造景为我们展示了他们夫妇在山林老屋一起继承父业织帘劳动和读书明志的园林艺术境界。在东花园部分，园林空间较大，其主体建筑北屋为"城曲草堂"，这个造景为我们展示出这对夫妇不慕城市华堂锦幄，而自甘于城边草堂白幄的清苦生活。

每当皓月当空、晨曦和夕照，我们似乎可以在"小虹轩"曲桥上看到他们夫妇在"双照楼"倒影入池、形影相怜的图画。楼下有一跨水建筑，名为"枕波双隐"，又为我们叙述夫妇双栖于川流不息的流水之上，枕清流以赋诗的情景。

东园东南角上，临护城河还有一座"听橹楼"。这又为我们指出，他们夫妇在楼上聆听那护城河上船夫摇橹和打桨的声音。

在耦园中央有一湾溪流，四面假山环抱，中央架设曲桥，南端有一水榭，名"山水间"，出自欧阳修"醉翁之意不在酒，在乎山水之间也"。东侧山上建有"吾爱亭"，这又告诉我们，他们夫妇在园中涉水登山，互为知音，共赋"高山流水"之曲于山水之间，又在吾爱亭中唱和陶渊明的"众鸟欣有托，吾亦爱吾庐。既耕亦已种，时还读我书"的抒情诗篇。耦园就是用高度艺术概括和浪漫主义手法，抒写了这对夫妇情真意切的感情和高尚情操的艺术意境，设计达到了情景交融。

（二）园林意境的创造

园林意境的创造可以是对已有的园景加以整理，也可以通过人工布置的景物创造出来。具体的手法主要是增加感官欣赏种类，加强气象景观利用，发挥景物的象征、模拟作用，努力创造与有关艺术结合的园林艺术综合体。

园林艺术是所有艺术中最复杂的艺术，处理得不好则杂乱无章，更无意境可言。清代画家郑板桥有两句脍炙人口的话"删繁就简三秋树，领异标新二月花"，这一简、一新对于我们处理园林构图的整体美和创造新的意境有所启迪。园林景物要求高度概括及抽象，以精当洗练的形象表达其艺术能力。因为越是简练和概括，给予人的可思空间越广，表达的弹性就越大，艺术的魅力就越强，亦即寓复杂于简单、寓繁琐于简洁，与诗词及绘画一样，有"意则期多，字惟求少"的意念，所显露出来的是超凡脱俗的风韵。

1. 简洁

简洁就是指大胆的剪裁。中国画、中国戏曲都讲究空白，"计白当黑"，使画面主要部分更为突出。客观事物对艺术来讲只能是素材，按艺术要求可以随意剪裁。齐白石画虾，一笔水纹都不画，有极真实的水感，虾在水中游动，栩栩如生。白居易《琵琶行》中有一句诗"此时无声胜有声"。空白、无声都是含蓄的表现方法，亦即留给欣赏者以想象的余地。艺术应是炉火纯青的，画画要达到增不得一笔也减不得一笔的效果，演戏的动作也要做到举手投足皆有意，要做到这一点，要精于取舍。

2. 夸张

艺术强调典型性，典型的目的在于表现，为了突出典型就必须夸张，才能给观众在感情上以最大满足。夸张是以真实为基础的，只有真实的夸张才有感人的魅力。毛泽东描写山高"离天三尺三"，这就是艺术夸张。艺术要求抓住对象的本质特征，充分表现。

3. 构图

我国园林有一套独特的布局及空间构图方法，根据自然本质的要求"经营位置"。为了布局妥帖，有艺术表现力和感染力，就要灵活掌握园林艺术的各种表现技巧。不要把自己作为表现对象的奴隶，完全成为一个自然主义者，造其所见和所知的，而是造由所见和所知转化为所想的，亦即是将所见、所知的景物经过大脑思维变为更美、更好、更动人的景物，使有限的空间产生无限之感。

艺术的尺度和生活的尺度并不一样，一个舞台，要表现人生，未免太小，但只要把生活内容加以剪裁，重新组织，小小的舞台就能容纳。在电影里、舞台上，几幕、几个片段就能体现出来，而使人铭记难忘。所谓"纸短情长""言简意赅"，园林艺术也是这样，以最简练的手法，组织好空间和空间的景观特征，通过景观特征的魅力，动人心弦的空间便是意境空间。

有了意境还要有意匠，为了传达思想感情，就要有相应的表现方法和技巧，这种表现方法和技巧统称为意匠。有了意境而没有意匠，意境无从表达。因此，一定要苦心经营意匠，才能找到打动人心的艺术语言，才能充分地以自己的思想感情感染别人。

综上所述，中国园林设计特别强调意境的产生，这样才能达到情景交融的理想境地。所以说，中国园林不是建筑、山水与植物的简单组合，而是富有生命的情的艺术，是诗画和音乐的空间构图，是变化的、发展的艺术。

第二章 风景园林设计的基本原理

第一节 风景园林规划设计的依据与原则

一、风景园林规划设计的依据

（一）科学依据

在风景园林规划设计过程中，要依据有关工程项目的科学原理和技术要求进行，如在设计时要结合原地形进行风景园林地形和水体的设计。设计者必须对目标地段的水文、地质、地貌、地下水位、北方的冰冻线深度、土壤状况等资料进行详细了解。如果没有翔实的资料，务必补充勘察后的有关资料。可靠的科学依据为地形改造、水体设计等提供理论支撑，可有效避免产生水体漏水、土方塌陷等工程事故。

在风景园林规划设计过程中，园林植物的种植设计也要根据植物的生长要求、生物学特性进行，要根据不同植物的喜阳、耐阴、耐旱、怕涝等不同的生态习性进行配植。一旦违反植物生长的科学规律，必将导致种植设计的失败。风景园林建筑、工程设施更有严格的规范要求，必须严格依据相关科学原理进行。风景园林规划设计关系到科学技术方面的很多问题，有水利、土方工程技术方面的，有建筑科学技术方面的，有园林植物方面的，甚至还有动物方面的生物科学问题。因此，科学依据是风景园林规划设计的基础和前提。

（二）社会需要

风景园林属于上层建筑范畴，它要反映社会的意识形态，为广大人民群众的精神与物质文明建设服务。风景园林是人们休憩娱乐、开展社交活动及进行文化交流等精神文明活动的重要场所。因此，风景园林在规划设计时要考虑广大人民群众的心理和审美需求，了解他们对风景园林开展活动的要求，营造出能满足不同年龄、不同兴趣爱好、不同文化层次游人需要的空间环境。

（三）功能要求

风景园林规划设计者要根据广大群众的审美要求、活动规律、功能要求等，创造出景色优美、环境卫生、情趣健康、舒适方便的园林空间境域和环境优良的人居环境，满足游人的游览、休息和开展健身娱乐活动的功能要求。园林空间应当富有诗情画意，处处茂林修竹，绿草如茵，繁花似锦，山清水秀，鸟语花香，令游人流连忘返。不同的功能分区，选用不同的设计手法，如儿童区，要求交通便捷，一般要靠近主要出入口，并要结合儿童的心理特点，该区的园林建筑造型要新颖，色彩要鲜艳，空间要开阔，营造充满生机、活力和欢快的景观气氛。

（四）经济条件

经济条件是风景园林规划设计的重要依据。经济是基础，同样一处风景园林绿地，甚至同样一个设计方案，由于采用不同的建筑材料，不同规格的苗木，不同的施工标准，将需要不同的建设投资。设计者应当在有限的投资条件下，充分发挥设计技能，节省开支，创造出最理想的作品。

一项优秀的风景园林设计作品，必须做到科学性、艺术性和经济条件、社会需求紧密结合、相互协调、全面运筹，争取达到最佳的社会效益、环境效益和经济效益。

二、风景园林规划设计必须遵循的原则

（一）"适用、经济、美观"原则

"适用、经济、美观"是风景园林规划设计必须遵循的原则。

有较强的综合性是风景园林规划设计的特点，因此，要求做到适用、经济、美观三者之间的辩证统一。三者之间是相互依存、不可分割的。

同任何事物发展规律一样，三者之间的关系在不同的情况下，根据不同性质、不同类型、不同环境的差异，彼此之间有所侧重。

一般情况下，风景园林规划设计首先要考虑"适用"的问题。所谓"适用"就是园林绿地的功能适合于服务对象。但也要考虑因地制宜，具体问题具体分析。例如，颐和园原先的瓮山和瓮湖已具备山、水的骨架，经过地形改造，仿照杭州西湖，建成了以万寿山、昆明湖为山水骨架，以佛香阁作为全园构图中心，主景突出而明显的自然式山水园。而圆明园原本自然喷泉遍布，河流纵横。根据圆明园的原地形，建成平面构图上以福海为中心的集锦式的自然山水园。由于因地制宜，适合于原地形的状况，从而创造出独具特色的园林景观。[①]

在考虑是否"适用"的前提下，其次考虑的是"经济"问题。实际上，正确的选址，因地制宜，巧于因借，本身就减少了大量投资，也解决了部分经济问题。经济问题的实质，就是如何做到"事半功倍"，尽量在少投资的情况下收获相应成效。当然风景园林建设要

---

① 杨小娟.园林设计中现代设计理论的应用[J].现代园艺，2016（2）：107-108.

根据风景园林性质建设需要确定投资。

在"适用""经济"前提下，尽可能地做到"美观"，即满足园林布局、造景的艺术要求。在某些特定条件下，美观要求提到最重要的地位。实质上，美感本身就是一个"适用"，也就是它的观赏价值。风景园林中的孤植假山、雕塑作品等起到装饰、美化环境的作用，创造出感人的精神文明的氛围，这就是一种独特的"适用"价值。

在风景园林规划设计过程中，"适用、经济、美观"三者是紧密联系、不可分割的整体。如果单纯地追求"适用""经济"，不考虑风景园林艺术的美感，就要降低风景园林的艺术水准，失去吸引力，不被广大群众接受；如果单纯地追求"美观"，不是全面考虑到"适用"问题或"经济"问题，就可能产生某种偏差或缺乏经济基础而导致设计方案不能实施。所以，风景园林规划设计工作必须在"适用"和"经济"的前提下，尽可能地做到"美观"，美观必须与"适用""经济"协调起来，统一考虑，最终创造出理想的风景园林规划设计作品。

（二）生态性原则

生态性原则是指风景园林规划设计必须建立在尊重自然、保护自然、恢复自然的基础上。要运用生态学的观点和生态策略进行风景园林规划布局，使风景园林绿地在生态上合理，构图上符合要求。

风景园林不仅要考虑"适用""经济""美观"，还必须考虑将风景园林建设成为具有良好生态效益的环境。风景园林绿地具有很强的净化功能，对改善城市生态环境起着至关重要的作用。所以风景园林规划设计应以生态学的原理为依据，以达到融游赏娱乐于良好的生态环境之中的目的。在风景园林建设中，应以植物造景为主，在生态原则和植物群落多样性原则的指导下，注意选择色彩、形态、风韵、季相变化等方面有特色的树种进行种植设计，使景观与生态环境融于一体或以风景园林反映生态主题，使风景园林既发挥生态效益，又发挥风景园林绿地的美化功能。植物造景时应以乡土树种为主、外来树种为辅，以体现自然界生物多样性为主要目标，构建乔木、灌木、草、藤复层植物群落，使各种植物各得其所，取得最大的生态效益。

（三）以人为本的原则

以人为本原则是指风景园林的服务对象是人，在进行规划设计时要处处体现以人为中心的宗旨。风景园林绿地是城市中具有自净能力及自动调节能力的重要基础设施，具有吸收有害气体、维持碳氧平衡、杀菌保健等生态功能，被称为"城市之肺"；它是城市生态系统中唯一执行自然"纳污吐新"负反馈机制的子系统，在保护和恢复绿色环境、改善城市生态环境质量、为人们提供舒适美观的生存环境方面起着至关重要的作用。因此，风景园林规划设计要遵循以人为本的原则，以创建宜居的生活环境为宗旨。

另外，以人为本的风景园林规划设计要实行人性化规划设计。人性化设计是以人为中心、注重提升人的价值、尊重人的自然需要和社会需要的动态设计哲学。站在"以人为本"的角度上，在风景园林规划设计过程中要始终把人的各种需求作为中心和尺度，分析人的心理和活动规律，满足人的生理需求、交往需求、安全需求和自我实现价值的需求，按照人的活动规律统筹安排交通、用地和设施，充分考虑城市人口密集、流动量大、活动方式一致性高和流动的方向性、时间性强的特点，依据人体工程学的原理去设计、建设各种内外环境以及选择各种所需材料，致力于将规划设计的场地建设成为一个舒适的区域，杜绝非人性化的空间要素。合理安排无障碍设施，满足不同层次的人类群体的需要，达到人与物的和谐。

第二节 风景园林景观的构图原理

一、风景园林景观构图的含义、特点和基本要求

（一）风景园林景观构图的含义

构图是造型艺术的术语，艺术家为了表现作品的主题思想和美观效果，在一定的空间，安排人物的关系和位置，把个别或局部的形象组成艺术的整体(《辞海》)。所谓构图即组合、联想和布局的意思。风景园林景观构图是在工程、技术、经济可能的条件下，组合风景园林物质要素（包括材料、空间、时间），联系周围环境，并使其协调，取得风景园林景观绿地形式美与内容高度统一的创作技法，也就是规划布局。风景园林景观绿地的内容，即性质、时间、空间，是构图的物质基础。

如何把风景园林景观素材的组合关系处理恰当，使之在长期内呈现完美与和谐，是风景园林景观构图所要解决的问题。在工程技术上要符合"适用、经济、美观"的原则，在艺术上除了运用造景的各种手法外，还应考虑诸如统一与变化、比例与尺度、均衡与稳定等造型艺术的多样统一规律的运用。

（二）风景园林景观构图的特点

1. 风景园林是一种立体空间艺术

风景园林景观构图是以自然美为特征对空间环境的规划设计，绝不是单纯的平面构图和立面构图。因此，风景园林景观构图要善于利用地形地貌、自然山水、园林植物，并以室外空间为主与室内空间互相渗透的环境创造景观。

2. 风景园林景观的构图是综合的造型艺术

园林美是自然美、生活美、建筑美、绘画美、文学美的综合。它以自然美为特征。有了自然美，风景园林绿地才有生命力。风景园林景观空间的形式与内容、审美与功能、科学与技术、自然美与艺术美以及生活美、意境美等在艺术构图中要充分地体现。因此，风景园林绿地常借助各种造型艺术加强其艺术表现力。

3. 风景园林景观构图受时间变化影响

风景园林景观构图的要素，如园林植物、山水等都随时间、季节而变化，春、夏、秋、冬园林植物景色各异，园林山水变化无穷。

4. 风景园林景观构图受地区自然条件的制约性很强

不同地区的自然条件，如日照、气温、湿度、土壤等各不相同，其自然景观也不相同，风景园林景观绿地只能因地制宜，随势造景，景因境出。

5. 风景园林景观构图的整体性和可分割性

任何艺术构图都是统一的整体，风景园林景观构图也是如此。构图中的每一个局部与整体都具有相互依存、相互烘托、互相呼应、互相陪衬以及相得益彰的关系。例如，北京颐和园中万寿山、昆明湖、谐趣园以及苏州河之间的相互关系。不过风景园林景观构图中整体与局部之间的关系不同于其他造型艺术，具有可分割性的关系。风景园林景观构图的整体与局部之间的关系：一是主从关系，局部必须服从整体；二是整体与局部之间保持相对独立，如颐和园中的万寿山，山前区与山后区的景观和环境气氛截然不同，都可独立存在，自成体系，因而是可分割的。

（三）风景园林景观构图的基本要求

（1）风景园林景观构图应先确定主题思想，即意在笔先。风景园林的主题思想，是风景园林景观构图的关键。根据不同的主题，就可以设计出不同特色的风景园林景观。园景主题和风景园林规划设计的内容密切相关，主题集中地、具体地表现出内容的思想性和功能上的特性，高度的思想性和服务于人民的功能特性是主题深刻动人的重要因素。风景园林景观构图还必须与园林绿地的实用功能相统一，要根据园林绿地的性质、功能用途确定其设施与形式。

（2）要根据工程技术、生物学要求和经济上的可能性构图。

（3）要有自己独特的风格。每一个风景园林绿地景观，都要有自己的独到之处，有鲜明的创作特色，有鲜明的个性，即园林风格。中国园林的风格主要体现在园林意境的创作、园林材料的选择和园林艺术的造型上。园林的主题不同，时代不同，选用的材料不同，园林风格也不相同。

（4）按照功能进行分区，各区要各得其所，景色分区中各有特色，化整为零，园中有园，互相提携又要多样统一，既分隔又联系，避免杂乱无章。

（5）各园都要有特点、有主题、有主景，要主次分明、主题突出，避免喧宾夺主。

（6）要具有诗情画意，它是我国园林艺术的特点之一。诗和画，把现实园林风景中的自然美提炼为艺术美，上升为诗情画意。风景园林造景要把诗情画意搬回现实中来。实质上就是把我们规划的现实风景提高到诗和画的境界。这种现实的园林风景，可以产生新的诗和画，见景生情，也就有了诗情画意。

二、风景园林景观构图的基本规律

（一）统一与变化

任何完美的艺术作品，都有若干不同的组成部分。各组成部分之间既有区别，又有内在联系，通过一定的规律组成一个完整的整体。各部分的区别和多样是艺术表现的变化，各部分的内在联系和整体是艺术表现的统一。有多样变化，又有整体统一，是所有艺术作品表现形式的基本原则。同其他艺术作品一样，风景园林景观也是统一与变化的有机体。风景园林构图的统一与变化，常具体表现在对比与调和、韵律与节奏、主从与重点、联系与分隔等方面。

1. 对比与调和

对比、调和是艺术构图的一个重要手法，它是运用布局中的某一因素（如体量、色彩等）两种程度不同的差异，取得不同艺术效果的表现形式，或者说是利用人的错觉来互相衬托的表现手法。差异程度显著的表现称为对比，能彼此对照，互相衬托，更加鲜明地突出各自的特点；差异程度较小的表现称为调和，使彼此和谐，互相联系，产生完整的效果。风景园林景观构图要在对比中求调和，在调和中求对比，使景观既丰富多彩、生动活泼，又突出主题，风格协调。对比与调和只存在于同一性质的差异之间，如体量的大小，空间的开敞与封闭，线条的曲直，颜色的冷暖、明暗，材料质感的粗糙与光滑等，而不同性质的差异之间不存在调和与对比，如体量大小与颜色冷暖就不能比较。

调和手法广泛应用于建筑、绘画、装潢的色彩构图中，采取某一色调的冷色或暖色，用以表现某种特定的情调和气氛。调和手法在风景园林中的应用主要是通过构景要素中的地形地貌、水体、园林建筑和园林植物等的风格和色调来实现的。尤其是园林植物，尽管各种植物在形态、体量以及色泽上千差万别，但从总体上看，它们之间的共性多于差异性，在绿色这个基调上得到了统一。总之，凡用调和手法取得统一的构图，易达到含蓄与幽雅的美。

美国造园家认为城市公园里不宜使用对比手法，和谐统一的环境比起对比强烈的景物更为安静。对比在造型艺术构图中是把两个完全对立的事物做比较。凡把两个相反的事物组合在一起的关系称为对比关系。通过对比而使对立着的双方达到相辅相成、相得益彰的艺术效果，这便达到了构图上的统一与变化。①

对比是造型艺术构图中最基本的手法，所有的长宽、高低、大小、形象、方向、光影、明暗、冷暖、虚实、疏密、动静、曲直、刚柔等量感和质感，都是从对比中得来的。对比的手法很多，在空间程序安排上有欲扬先抑、欲高先低、欲大先小、以暗求明、以素求艳等。现就静态构图中的对比分述如下。

（1）形象的对比。风景园林布局中构成风景园林景物的线、面、体和空间常具有各种不同的形状，在布局中只采用一种或类似的形状时易取得协调统一的效果。例如，在圆形的广场中央布置圆形的花坛，因形状一致显得协调。而采用差异显著的形状时易取得对比，可突出变化的效果，如在方形广场中央布置圆形花坛或在建筑庭院中布置自然式花台。在园林景物中应用形状的对比与调和常常是多方面的，如建筑广场与植物之间的布置，建筑与广场在平面上多采取调和的手法，而与植物尤其与树木之间多运用对比的手法，以树木的自然曲线与建筑广场的直线对比，来丰富立面景观。不同的植物形态也形成了鲜明的对比。

（2）体量的对比。在风景园林布局中常常用若干较小体量的物体来衬托一个较大体量的物体，以突出主体，强调重点。例如，颐和园的佛香阁与周围的廊，廊的规格小，显得佛香阁更高大，更突出。另外，颐和园后山，后湖北面的山比较平，在这个山上建有一个比一般的庙体量小很多的小庙，从万寿山望去庙小而显得山远，山远从而使后山低矮的感觉减弱。

（3）方向的对比。在风景园林的体形、空间和立面的处理中，常常运用垂直和水平方向的对比，以丰富园林景物的形象。如常把山水互相配合在一起，使垂直方向上高耸的山体与横向平阔的水面互相衬托，避免了只有山或只有水的单调；在开阔的水边矗立的挺拔高塔，产生明显的方向对比，体现了空间的深远、开阔。

在园林布局中还常利用忽而横向，忽而纵向，忽而深远，忽而开阔的手法，造成方向上的对比，增加空间方向上的变化效果，如孤植树与横向开阔草坪的方向对比。

（4）开闭的对比。在空间处理上，开敞的空间与闭锁空间也可形成对比。在园林绿地中利用空间的收放开合，形成敞景与聚景的对比，开敞空间景物在视平线以下可见。开朗风景与闭锁风景两者共存于同一园林中，相互对比，彼此烘托，视线忽远忽近，忽放忽收。自闭锁空间窥视开敞空间，可增加空间的对比感、层次感，达到引人入胜的效果。

颐和园中苏州河的河道由东向西，随万寿山后山山脚曲折蜿蜒，河道时窄时宽，两岸古树参天，空间开合，收放自如，交替向前，通向昆明湖。合者，空间幽静深邃；开者，空间宽敞明朗。在前后空间大小对比中，景观效果由于对比而彼此得到加强。最后到达昆明湖，则更能感受到空间的宏大，宽阔的湖面，浩渺水波，使游赏者的情绪由最初的沉静转为兴奋，再沉静，再兴奋。这种对比手法在园林空间的处理上是变化无穷的。

（5）疏密的对比。疏密对比在风景园林构图中比比皆是，如群林的林缘变化是由疏到

---

① 罗发金. 风景园林设计方法论[D]. 浙江大学，2014：66.

密和由密到疏与疏密相间,给景观增加韵律感。《画论》中提到"宽处可容走马,密处难以藏针",故颐和园中有烟波浩渺的昆明湖,也有林木葱郁、宫室建筑密集的万寿山,形成了强烈的疏密对比。

(6) 明暗的对比。由于光线的强弱,造成景物、环境的明暗对比,环境的明暗可以给人以不同的感觉。明,给人以开朗、活泼的感觉;暗,给人以幽静柔和的感觉。在风景园林绿地中,布置明朗的广场空地供游人活动,布置幽暗的疏林、密林供游人散步休息。一般来说,明暗对比强的景物令人有轻快振奋的感觉,明暗对比弱的景物令人有柔和沉郁的感觉。在密林中留块空地,叫林间隙地,是典型的明暗对比,如同较暗的屋中开个天窗。

(7) 曲直的对比。线条是构成景物的基本因素。线的基本线形包括直线和曲线,人们从自然界中发现了各种线形并赋予其性格特征。直线表示静,曲线表示动。直线有力度,具稳定感;曲线具有丰满、柔和、优雅、细腻之感。线条是造园的语言,它可以表现起伏的地形线、曲折的道路线、婉转的河岸线、美丽的桥拱线、丰富的林冠线、严整的广场线、挺拔的峭壁线、丰富的屋面线等。在风景园林规划设计中曲线与直线经常会同时对比出现。

风景园林中的直与曲是相对的,曲中寓直,直中寓曲,关键在于灵活应用、曲直自如。比如上海豫园,从仰山堂到黄石假山去的园路,本是一条直路,但故意做成一条曲廊,寓曲于直,经过四折,步移景换,名之曰"渐入佳境"。苏州沧浪亭的复廊、拙政园的水廊、留园的沿墙折廊、扬州何园的楼廊,或随地势高低起伏,或按地形左曲右折,无不曲直"相间得宜"。此外,扬州小盘谷把云墙和游廊曲折地盘旋至9m高的假山之上,山上有廊、有坪、有亭,山下有池、有桥、有洞,上下立体交通,山、水、建筑与直、曲的游览路线连成一体,在狭小的空间范围内组成了丰富变幻的景观。

(8) 虚实的对比。园林绿地中的虚实常常是指园林中的实墙与空间,密林与疏林、草地,山与水的对比等。在园林布局中做到虚中有实、实中有虚是很重要的。虚给人轻松,实给人厚重,若水面中有个小岛,水体是虚,小岛是实,因而形成了虚实对比,能产生统一中有变化的艺术效果。园林中的围墙,常做成透花墙或铁栅栏,就打破了实墙的沉重闭塞感觉,产生虚实对比效果,隔而不断,求变化于统一,与园林气氛协调。例如,以花篱、景墙分隔空间形成虚实的对比。

虚实的对比,使景物坚实而有力度,空凌而又生动。风景园林十分重视空间布置,处理虚的地方以达到"实中有虚,虚中有实,虚实相生"的目的。例如,圆明园九州"上下天光",用水面衬托庭院,扩大空间感,以虚代实;再如,苏州怡园面壁亭的镜借法,用镜子把对面的假山和螺髻亭收入镜内,以实代虚,扩大了境界。此外,还有借用粉墙、树影产生虚实相生的景色。

(9) 色彩的对比。色彩的对比与调和包括色相和色度的对比与调和。色相的对比是指相对的两个补色,产生对比效果,如红与绿、黄与紫;色相的调和是指相邻近的色,如红与橙、橙与黄等。颜色的深浅叫色度,黑是深,白是浅,深浅变化即黑到白之间的变化。

一种色相中色度的变化是调和的效果。风景园林中色彩的对比与调和是指在色相与色度上，只要差异明显就可产生对比的效果，差异近似就产生调和效果。利用色彩对比关系可引人注目，如"万绿丛中一点红"。风景园林景观中的色彩对比包括园林植物不同颜色的对比、道路与园林绿地颜色的对比及与周围环境的对比等。

（10）质感的对比。在风景园林布局中，常常可以运用不同材料的质地或纹理来丰富园林景物的形象。材料质地是材料本身所具有的辅佐作用。不同材料质地给人不同的感觉。如粗面的石材、混凝土、粗木、建筑等给人稳重的感觉；而细致光滑的石材、细木和植物等给人轻松的感觉，如草坪与树木形成了质感的对比。

2. 韵律与节奏

韵律与节奏，就是指艺术表现中某一因素作有规律的重复、有组织的变化。重复是获得韵律的必要条件，只有简单的重复而缺乏有规律的变化，就令人感到单调、枯燥，而有交替、曲折变化的节奏就显得生动活泼。因此，韵律与节奏是风景园林艺术构图多样统一的重要手法之一。风景园林景观构图中韵律节奏方法很多，常见的有：

（1）简单韵律。简单韵律即由同种因素等距反复出现的连续构图，如等距的行道树，等高等距的长廊、花架的支柱，等高等宽的登山道、爬山墙，等等。

（2）交替的韵律。交替的韵律即由两种以上因素交替等距反复出现的连续构图。行道树用一株桃树一株柳树反复交替的栽植，龙爪槐与灌木的反复交替种植，景观灯柱与植物，嵌草铺装或与草地相间的台阶，两种不同花坛的等距交替排列，登山道一段踏步与一段平面交替，等等。

（3）渐变的韵律。渐变的韵律是指园林布局连续重复的组成部分，在某方面做规则的逐渐增加或减少所产生的韵律，如体积的大小、色彩的浓淡、质感的粗细等。渐变韵律也常在各组成分之间有不同程度或繁简上的变化。园林中在山体的处理上，建筑的体型上，经常应用从下而上越变越小，如塔体型下大上小，间距也下大上小等。

（4）起伏曲折韵律。起伏曲折韵律是指由一种或几种因素在形象上出现较有规律的起伏曲折变化所产生的韵律。例如，连续布置的山丘、建筑、树木、道路、花境等，可有起伏、曲折变化，并遵循一定的节奏规律，围墙、绿篱也有起伏式的。自然林带的天际线也是一种起伏曲折的韵律。

（5）拟态韵律。既有相同因素又有不同因素反复出现的连续构图。例如：花坛的外形相同，但花坛内种的花草种类、布置形式又各不相同；漏景的窗框一样，漏窗的花饰又各不相同等。

（6）交错韵律。交错韵律即某一因素作做规律的纵横穿插或交错，其变化是按纵横或多个方向进行的，切忌苗圃式的种植。例如，空间一开一合，一明一暗，景色有时鲜艳，有时素雅，有时热闹，有时幽静，如组织得好都可产生节奏感。常见的例子是园路的铺装，用卵石、片石、水泥、板、砖瓦等组成纵横交错的各种花纹图案，连续交替出现，如设计得宜，能引人入胜。在园林布局中，有时一个景物，往往有多种韵律节奏方式可以运用，在满足功能要求的前提下，可采用合理的组合形式，能创作出理想的园林艺术形象。所以说韵律是园林布局中统一与变化的一个重要方面。

3. 主从与重点

（1）主与从。在艺术创造中，一般都应该考虑到一些既有区别又有联系的各个部分之间的主从关系，并且常常把这种关系加以强调，以取得显著的主宾分明、井然有序的艺术效果。园林布局中的主要部分或主体与从属体，一般是由功能使用要求决定的。从平面布局上看，主要部分常成为全园的主要布局中心，次要部分成次要的布局中心，次要布局中心既有相对独立性，又要从属主要布局中心，要能互相联系。互相呼应。

一般缺乏联系的园林各个局部是不存在主从关系的，取得主要与从属两个部分之间的内在联系，是处理主从关系的前提，但是相互之间的内在联系只是主从关系的一个方面，而二者之间的差异是更重要的一面。恰当处理二者的差异可以使主次分明，主体突出。因此，在园林布局中，以呼应取得联系和以衬托显出差异，就成为处理主从关系的关键。关于主从关系的处理，大致有下面两种方法：

①组织轴线，安排位置，分清主次。在园林布局中，尤其在规则式园林中，常常运用轴线来安排各个组成部分的相对位置，形成它们之间一定的主从关系。一般是把主要部分放在主轴线上，从属部分放在轴线两侧和副轴线上，形成主次分明的局势。在自然式园林中，主要部分常放在全园重心位置，或无形的轴线上，而不一定形成明显的轴线。

②运用对比手法，互相衬托，突出主体。在园林布局中，常用的突出主体的对比手法是体量大小、高低。某些园林建筑各部分的体量，由于功能要求关系，往往有高有低，有大有小。在布局上利用这种差异，并加以强调，可以获得主次分明、主体突出的效果。再一种常见的突出主体的对比手法是形象上的对比。在一定条件下，一个高出的体量，一些曲线，一个比较复杂的轮廓突出的色彩和艺术修饰等，可以引起人们的注意。

（2）重点与一般。重点处理常用于园林景物的主体和主要部分，以使其更加突出。此外，它也可用于一些非主要部分，以加强其表现力，取得丰富变化的效果。因而重点处理也常是园林布局中有意识地从统一中求变化的手段。

一般选择重点处理的部分和方法，有以下三个方面：

①以重点处理来突出表现园林功能和艺术内容的重要部分，使形式更有力地表达内容。例如，园林的主要出入口、重要的道路和广场、主要的园林建筑等常做重点处理，使园林各部分的主次关系直观明了，起到引导人流和视线方向的作用。

②以重点处理来突出园林布局中的关键部分，如对园林景物体量突出部分，主要道路的交叉转折处和结束部分，视线易于停留的焦点等处（包括道路与水面的转弯曲折处、尽头，岛堤山体的突出部分，游人活动集中的广场与建筑附近）加以重点处理，可使园林艺术表现更加鲜明。

③以重点处理打破单调,加强变化或取得一定的装饰效果,如在大片草地、水面和密林部分,可在边缘或地形曲折起伏处做重点处理,或设建筑或配植树丛,在形式上要有对比和较多的艺术修饰,打破单调枯燥感。重点是对一般而言的,因此选择重点处理不能过多,以免过于繁琐,反而不能突出重点。重点处理是园林布局中运用最多的手段,如果运用恰当可以突出主题,丰富变化;不善于运用重点处理,就常常会使得布局单调乏味;而不恰当地过多运用,则不仅不能取得重点表现的效果,反而分散注意力,造成混乱。

4. 联系与分隔

风景园林绿地都是由若干功能使用要求不同的空间或者局部组成的,它们之间都存在必要的联系与分隔,一个园林建筑的室内与庭院之间也存在联系与分隔的问题。风景园林布局中的联系与分隔是组织不同材料、局部、体形、空间,使它们成为一个完美的整体的手段,也是园林布局中取得统一与变化的手段之一。

风景园林布局的联系与分隔表现在以下两个方面:

(1) 园林景物的体形和空间组合的联系与分隔。这主要决定于功能使用的要求,以及建立在这个基础上的园林艺术布局的要求。为了取得联系的效果,常在有关的园林景物与空间之间安排一定的轴线和对应的关系,形成互为对景,利用园林中的植物、土丘、道路、台阶、挡土墙、水面、栏杆、桥、花架、廊、建筑门、窗等作为联系与分隔的构件。

园林建筑室内外之间的联系与分隔,要根据不同功能要求而定。大部分要求既分隔又有联系,常运用门、窗、空廊、花圃、花架、水、山石等建筑处理把建筑引入庭院,有时也把室外绿地有意识地引入室内,丰富室内景观。

(2) 立面景观上的联系与分隔。立面景观的联系与分隔,也是为了达到立面景观完整的目的。有些园林景物由于使用功能要求不同,形成性格完全不同的部分,容易造成不完整的效果,如在自然的山形下面建造建筑,若不考虑两者之间立面景观上的联系与分隔,往往显得很生硬。有时为了取得一定的艺术效果,可以强调分隔或强调联系。

分隔就是因功能或者艺术要求将整体划分成若干局部,联系却是因功能或艺术要求将若干局部组成一个整体。联系与分隔是求得完美统一的整体风景园林布局的重要手段之一。

上述对比与调和、韵律与节奏、主从与重点、联系与分隔都是园林布局中统一与变化的手段,也是统一与变化在园林布局中各方面的表现。在这些手段中,调和、主从、联系常作为变化中求统一的手段,而对比、重点、分隔则更多地作为统一中求变化的手段。这些统一与变化的手段,在园林布局中,常同时存在,相互作用。必须综合地运用,而不是孤立地运用上述手段,才能取得统一而又变化的效果。

风景园林布局的统一还应具备这样一些条件,即要有风景园林布局各部分处理手法的一致性,如一个园子建筑材料处理上,有些山附近产石,把石砌成虎皮石,用在驳岸、挡土墙、踏步等方面,但样子可以千变万化;园林各部分表现性格的一致性,如用植物材料表现性格的一致性，墓园在国外常用下垂的（如垂柳、垂枝桦、垂枝雪松等）、攀缘的植物体现哀悼、肃穆的性格，我国的寺庙、纪念性园林常用松柏体现园子的性质，如长沙烈士陵园、雨花台烈士陵园的龙柏，天坛的桧柏，人民英雄纪念碑的油松；园林风格的一致性，如鉴于我国园林的民族风格，在园林布置时就应注意，中国古典园林中就不适宜建小洋楼，使用植物材料也不适宜种一些国外产的整形式树木。如果缺乏这些方面的一致性，将达不到统一的效果。

（二）均衡与稳定

由于园林景物是由一定的体量和不同材料组成的实体，因而常常表现出不同的重量感。探讨均衡与稳定的原则，是为了获得园林布局的完整和安定感。这里所说的稳定，是就园林布局的整体上下轻重的关系而言的。而均衡是指园林布局中的部分与部分的相对关系，如左与右、前与后的轻重关系等。

1. 均衡

自然界静止的物体要遵循力学原则，以平衡的状态存在，不平衡的物体或造景使人产生不稳定和运动的感觉。在园林布局中要求园林景物的体量关系符合人们在日常生活中形成的平衡安定的概念，因此除少数动势造景（如悬崖、峭壁、倾斜古树等）外，一般艺术构图力求均衡。均衡可分为对称均衡与非对称均衡。

（1）对称均衡。对称布局有明确的轴线，轴线左右完全对称，对称的布局往往是均衡的。对称均衡布置常给人庄重严整的感觉，规则式的园林绿地中采用较多，如纪念性园林、公共建筑的前庭绿化等，有时在某些园林局部也有所运用。

对称均衡小至行道树的两侧对称及花坛、雕塑、水池的对称布置，大至整个园林绿地建筑、道路的对称布局。但对称均衡布置时，景物常常过于呆板而不亲切，若没有对称功能和工程条件，如硬凑对称，往往妨碍功能要求并增加投资，故应避免单纯追求所谓"宏伟气魄"的平立面图案的对称处理。

（2）非对称均衡。在园林绿地的布局中，由于受功能、组成部分、地形等复杂条件制约，往往很难也没有必要做到绝对对称形式，在这种情况下常采用非对称均衡的布局。

非对称均衡的布置要综合衡量园林绿地构成要素的虚实、色彩、质感、疏密、线条、体形、数量等给人产生的体量感觉，切忌单纯考虑平面的构图。非对称均衡的布置小至树丛、散置山石、自然水池，大至整个园林绿地、风景区的布局。它常给人以轻松、自由、活泼变化的感觉，因此广泛应用于一般游憩性的自然式园林绿地中。

2. 稳定

自然界的物体，由于受地心引力的作用，为了维持自身的稳定，靠近地面的部分往往大而重，而在上面的部分则小而轻。从这些物理现象中，人们就产生了重心靠下、底面积大可以获得稳定感的概念。园林布局中稳定的概念，是根据园林建筑、山石和园林植物等上下、大小所呈现的轻重感的关系而言的。

在园林布局上，往往在体量上采用下面大、向上逐渐缩小的方法来取得稳定坚固感，我国古典园林中的高层建筑，如颐和园的佛香阁、西安的大雁塔等，都是通过建筑体量上由底部较大而向上逐渐递减缩小，使重心尽可能低，以取得结实稳定的感觉。另外，园林建筑和山石处理上也常利用材料、质地所给人的不同的重量感来获得稳定感。例如，园林建筑的基部墙面多用粗石和深色的表面处理，而上层部分采用较光滑或色彩较浅的材料，在土山带石的土丘上，也往往把山石设置在山麓部分而给人以稳定感。

（三）比拟与联想

艺术创作中常常运用比拟联想的手法，以表达一定的内容。风景园林艺术不能直接描写或者刻画生活中的人物与事件的具体形象，因此比拟联想手法的运用就显得更为重要。人们对于风景园林形象的感受与体会，常常与一定事物的美好形象的联想有关。比拟联想到的东西，比园林本身深远、广阔、丰富得多，给风景园林增添了无数的情趣。

风景园林景观构图中运用比拟联想的方法，简述如下：

1. 概括祖国名山大川的气质，模拟自然山水风景

在风景园林景观构图中，通过概括名山大川，创造"咫尺山林"的意境，使人有"真山真水"的感受，联想到名山大川，天然胜地，若处理得当，使人面对着园林的小山小水产生"一峰则太华千寻，一勺则江湖万里"的联想，这是以人力巧夺天工的"弄假成真"。我国园林在模拟自然山水手法上有独到之处，善于综合运用空间组织、比例尺度、色彩质感、视觉感受等，使一石有一峰的感觉，使散置的山石有平岗山峦的感觉，使池水有不尽之意，犹如国画"意到笔未到"，使人联想无穷。

2. 赋予植物拟人化的品格，产生比拟和联想

我国历史文明悠久，经过长期的文化传承和沉淀形成了具有独特韵味的古文化，在长期的发展过程中部分植物被赋予了特殊寓意，通过这种寓意来表达特定的文化内涵。部分植物的寓意如下：

松、柏——斗寒傲雪、坚毅挺拔，象征坚强不屈、万古长青的英雄气概；

竹——象征虚心有节、节高清雅的风尚；

梅——象征不屈不挠、不畏严寒、纯洁英勇坚贞的品质；

兰——象征居静而芳、高雅不俗的情操；

菊——象征贞烈多姿、不怕风霜的性格；

柳——象征强健灵活、适应环境的优点；

枫——象征不怕艰难困苦，晚秋更加红艳；

荷花——象征廉洁朴素、出淤泥而不染；

桃——鲜艳明快，象征和平、理想、幸福；

石榴——果实籽多，喻多子多福；

桂花——芳香高贵，象征胜利夺魁、流芳百世；

迎春——象征欣欣向荣、大地回春；

银杏——象征健康长寿、幸福吉祥；

海棠——因为"棠"与"堂"谐音，海棠花开，象征富贵满堂；

牡丹——富丽堂皇，国色天香，象征富贵吉祥、繁荣昌盛。

这些园林植物，如松、竹、梅有"岁寒三友"之称，梅兰竹菊有"四君子"之称，常是诗人画家吟诗作画的好题材，在风景园林绿地中应适当运用，增加其丰富的文化内涵。在我国古代的园林中，经常以植物的寓意来表现出主人的性格以及品德。充分利用植物的特殊寓意表现出高尚的文化内涵，对营建具有文化气息的园林植物景观，升华生活环境中的精神领域具有重要作用。

3. 运用园林建筑、雕塑造型产生的比拟联想

园林建筑雕塑造型常与历史事件、人物故事、神话小说、动植物形象相联系，能使人产生艺术联想。例如，蘑菇亭、月洞门、水帘洞、天女散花等使人犹入神话世界。雕塑造型在我国现代风景园林中应该加以提倡，它在联想中的作用特别显著。

4. 遗址访古产生的联想

我国历史悠久，古迹文物很多，存在许多民间传说、典故、神话及革命故事。遗址访古在旅行游览中具有很大吸引力，内容特别丰富，如北京圆明园遗址公园，上海豫园的点春堂，杭州的岳坟、灵隐寺，苏州的虎丘，西安附近临憧的华清池，等等。

5. 风景题名题咏对联匾额、摩崖石刻产生的比拟联想

好的题名题咏不仅对"景"起了画龙点睛的作用，而且含意深、韵味浓、意境高，能使游人产生诗情画意的联想。例如，西湖的"平湖秋月"，每当无风的月夜，水平似镜，秋月倒影湖中，令人联想起"万顷湖平长似镜，四时月好最宜秋"的诗句。

题咏也有运用比拟联想的，如陈毅元帅《游桂林》诗摘句"水作青罗带，山如碧玉簪。洞穴幽且深，处处呈奇观。桂林此三绝，足供一生看。春花娇且媚，夏洪波更宽。冬雪山如画，秋桂馨而丹"。短短几句把桂林"三绝"和"四季"景色特点描写得栩栩如生，把实境升华为意境，令人浮想联翩。题名、题咏、题诗确能丰富人们的联想，提高风景园林的艺术效果。

（四）空间组织

空间组织与园林绿地构图关系密切，空间有室内、室外之分，建筑设计多注意室内空间的组织，建筑群与风景园林绿地规划设计则多注意室外空间的组织及室内外空间的渗透过渡。园林绿地空间组织的目的，首先，在满足使用功能的基础上，运用各种艺术构图的规律创造既突出主题，又富于变化的园林风景；其次，根据人的视觉特性创造良好的景物观赏条件，

使一定的景物在一定的空间里获得良好的观赏效果，适当处理观赏点与景物的关系。

1. 视景空间的基本类型

（1）开敞空间与开朗风景。人的视平线高于四周景物的空间是开敞空间，开敞空间中所见到的风景是开朗风景。在开敞空间中，视线可延伸到无穷远处，视线平行向前，视觉不易疲劳。开朗风景，目光宏远，心胸开阔，壮观豪放。古人诗："登高壮观天地间，大江茫茫去不还。"正是开敞空间、开朗风景的写照。但开朗风景中如游人视点很低，与地面透视成角很小，则远景模糊不清，有时见到大片单调天空；如提高视点位置，透视成角加大，远景鉴别率也大大提高，视点越高，视界越宽阔，而有"欲穷千里目，更上一层楼"的需要。

（2）闭锁空间与闭锁风景。人的视线被四周屏障遮挡的空间是闭锁空间，闭锁空间中所见到的风景是闭锁风景。屏障物之顶部与游人视线所成角度越大，则闭锁性越强；成角越小，则闭锁性也越弱。这也与游人和景物的距离有关，距离越小，闭锁性越强；距离越远闭锁性越弱。

闭合空间的大小与周围景物高度的比例关系决定它的闭合度，影响风景的艺术价值。一般闭合度在6°~13°，其艺术价值逐渐上升；当小于6°或大于13°时，其艺术价值逐渐下降。闭合空间的直径与周围景物高度的比例关系也能影响风景艺术效果，当空间直径为景物高度的3~19倍时，风景的艺术价值逐渐升高；当空间直径与景物高度之比小于3或大于10时，风景的艺术价值逐渐下降。如果周围树高为20m，则空间直径为60~200m，如超过270m，则目力难以鉴别，这就需要增加层次或分隔空间。闭锁风景，近景感染力强，四面景物，可琳琅满目，但久赏易感闭塞，易觉疲劳。

（3）纵深空间与聚景。在狭长的空间中，如道路、河流、山谷两旁有建筑、密林、山丘等景物阻挡视线，这狭长的空间叫纵深空间，视线的注意力很自然地被引导到轴线的端点，这种风景叫聚景。开朗风景，缺乏近景的感染，而远景又因和视线的成角小，距离远，色彩和形象不鲜明。所以，在风景园林中，如果只有开朗景观，虽然给人以辽阔宏远的情感，但久看觉得单调，因此，要有些闭锁风景近览。但闭锁的四合空间，如果四面环抱的土山、树丛或建筑，与视线所成的仰角超过15°，景物距离又很近时，则有井底之蛙的闭塞感。所以，风景园林中的空间组织，不要片面强调开朗，也不要片面强调闭锁。同一园林中，既要有开朗的局部，也要有闭锁的局部，开朗与闭锁综合应用，开中有合，合中有开，两者共存，相得益彰。

（4）静态空间与静态风景。视点固定时观赏景物的空间叫作静态空间，在静态空间中所观赏的风景叫静态风景。在绿地中要布置一些花架、座椅、平台，供人们休息和观赏静态风景。

（5）动态空间与动态风景。游人在游览过程中，通过视点移动进行观景的空间叫作动态空间，在动态空间中观赏到的连续风景画面叫作动态风景。在动态空间中游人走动，景物随之变化，即所谓"步移景异"。为了让动态景观有起点、有高潮、有结束，必须布置相应的距离和空间。

2. 空间展示程序

风景视线与导游路线是紧密联系的，要求有戏剧性的安排，音乐般的节奏，既有起景、高潮、结景空间，又有过渡空间，使空间主次分明，开、闭、聚、敞适当，大小尺度相宜。

3. 空间的转折

空间的转折有急转与缓转之分，在规则式园林空间中常用急转，如在主轴线与副轴线的交点处。在自然式园林空间中常用缓转，缓转有过渡空间的作用，如在室内外空间之间设有空廊、花架之类的过渡空间。

两空间之分隔有虚分与实分。两空间干扰不大，须互通气息者可虚分，如用疏林、空廊、漏窗、水面等。两空间功能不同、动静不同、风格不同宜实分，可用密林、山阜、建筑、实墙来分隔。虚分是缓转，实分是急转。

第三节 景与造景

一、景与景的感受

（一）景的概述

我国园林中，常有"景"的提法，如燕京八景、西湖十景、关中八景、圆明园四十景、避暑山庄七十二景等。所谓"景"即风景、景致，是指在风景园林景观中，自然的或经人为创造加工的，并以自然美为特征的一种供作游憩欣赏的空间环境。景的形成必须具备两个条件：一是其本身具有可赏的内容；二是它所在的位置要便于被人觉察。

这些环境，无论是天然存在的还是人工创造的，多是由于人们按照此景的特征命名、题名、传播，使景色本身具有更深刻的表现力和强烈的感染力而闻名于天下。泰山日出、黄山云海、桂林山水、庐山仙人洞等是自然的景。江南古典园林，使一峰山有太华千寻，一勺水有江湖万里之意，以及北方的皇家园林都是人工创造的景。至于闻名世界的万里长城，蜿蜒行走在崇山峻岭之上，关山结合，气魄雄伟，兼有自然和人工景色。三者虽有区别，然而均以因借自然、效法自然、高于自然的自然美为特征，这是景的共同点。所谓"供作游憩欣赏的空间环境"，即是说"景"绝不是引起人们美感的画面，而是具有艺术构思而能入画的空间环境，这种空间环境能供人游憩欣赏，具有符合风景园林艺术构图规律的空间形象和色彩，也包括声、香、味及时间等环境因素。例如，西湖的"柳浪闻莺"，关中的"雁塔晨钟"、避暑山庄的"万壑松风"是有声之景；西湖的"断桥残雪"、燕京的"琼岛春阴"、避暑山庄的"梨花伴月"是有时之景。由此说明风景构成要素（山、水、植物、建筑以及天气和人文特色等）的特点是景的主要来源。

（二）景的感受

景是通过人的眼、耳、鼻、舌、身这五官而接受的。没有身临其境是不能体会景的美的。从感官来说，大多数的景主要是看，即观赏，如花港观鱼、卢沟晓月。但也有许多景，必须通过耳听、鼻闻、品位等才能感受，如避暑山庄的"风泉清听""远近泉声"是听的；广州的兰圃，每当兰花盛开季节，馨香满园，董老赞曰"国香"，需要通过闻才能感受；名闻中外的虎跑泉水龙井茶只有通过品茶才能真正地感受。景的感受往往不是单一的，而是随着景色不同，以一种以至几种感官感受，如鸟语花香、月色江声、太液秋风等均属此类景色意境。

景能引起感受，即触景生情，情景交融。例如，西湖的平湖秋月，每当仲秋季节，天高云淡，空明如镜，水月交辉，水天宛然一体，濒临欣赏，犹如置身于琼楼玉宇的广寒宫中。再如，广州烈士陵园的松柏，给人以庄严肃穆的感受；北京颐和园的佛香阁建筑群，给人以富丽堂皇的感受；位于哈尔滨市松花江之滨的斯大林公园，给人以开朗豁达的感受。

同一景色也可能有不同的感受，这是因为景的感受是随着人的阶级、职业、年龄、性别、文化程度、社会经历、兴趣爱好和当时的情绪不同而有差异的，但只要我们把握其中的"共性"，就可驾驭见景生情的关键。

二、景的观赏

景可供游览观赏，但不同的游览观赏方法会产生不同的景观效果，给人以不同的景的感受。

（一）静态观赏与动态观赏

景的观赏可分为动态观赏与静态观赏。在实际游览中，往往是动静结合，动就是游、静就是息，游而无息使人筋疲力尽，息而不游又失去游览的意义。不同的观赏方法给人以不同的感受，游人在行走中赏景即人的视点与景物产生相对移位，称为动态观赏，动态观赏的景物称为动态风景。游人在一定的位置，向外观赏景物，视点与景物的位置不变，即为静态观赏，静态观赏的景物称为静态风景。

一般风景园林景观规划设计应从动与静两方面要求来考虑。风景园林绿地平面总图设计主要是为了满足动态观赏的要求，应该安排一定的风景路线，每一条风景路线应达到像电影镜头剪辑一样的效果，分镜头（分景）按一定的顺序布置风景点，以使人行其间产生步移景异之感，一景又一景，形成一个循序渐进的连续观赏过程。

分景设计是为了满足静态观赏的要求，视点与景物位置不变，如看一幅立体风景画，整个画面是一幅静态构图，所能欣赏的景致可以是主景、配景、近景、中景、侧景、全景甚至远景，或它们的有机结合，设计应使天然景色、人工建筑、绿化植物有机地结合起来，整个构图布置应该像舞台布景一样。好的静态观赏点正是摄影和画家写生的地方。静态观赏有时对一些情节特别感兴趣，要进行细部观赏，为了满足这种观赏要求，可以在分景中穿插配置一些能激发人们进行细致鉴赏，具有特殊风格的近景、特写景等，如某些特殊风格的植物，某些碑、亭、假山、窗景等。

（二）观赏点与景物的视距

人们赏景，无论动静观赏，总要有个立足点，游人所在位置称为观赏点或视点。观赏点与景物之间的距离，称为观赏视距。观赏视距适当与否对观赏的艺术效果影响甚大。人的视力各有不同。正常人的视力，明视距离为25cm，4km以外的景物不易看到，在大于500m时，对景物存在模糊的形象，距离缩短到250~270m时，能看清景物的轮廓，如要看清树木、建筑细部线条则要缩短到几十米之内。在正视情况下，不转动头部，视域的垂直明视角为26°~30°，水平视角为45°，超过此范围就要转动头部。转动头部的观赏，对景物整体构图印象就不够完整，而且容易感到疲劳。

（三）平视、俯视、仰视的观赏

观景因视点高低不同，可分为平视、俯视、仰视。居高临下，景色全收，这是俯视。有些景区险峻难攀，只能在低处瞻望，有时观景后退无地只能抬头，这是仰视。在平坦草地或河湖之滨进行观景，景物深远，多为平视。平视、俯视、仰视的观赏对游人的感受各不相同。

1. 平视观赏

平视是视线平行向前，游人头部不用上仰下俯，可以舒服地平望出去，使人有平静、安宁、深远的感觉，不易疲劳。平视风景由于与地面垂直的线条，在透视上均无消失感，故景物高度效果感染力小，而不与地面垂直的线条，均有消失感，表现出较大的差异，因而对景物的远近深度有较强的感染力。平视风景应布置在视线可以延伸到较远的地方，如园林绿地中的安静地区，休息亭棚、休疗养区的一侧等。西湖风景的恬静感觉与多为平视景观分不开。

2. 俯视观赏

游人视点较高，景物展现在视点下方，如果视线向前，下部60°以外的景物不能映入视域内，鉴别不清时，必须低头俯视，此时视线与地平线相交，因而垂直地面的直线产生向下消失感，故景物越低就显得越小。

所谓"一览众山小"，登泰山而小天下的说法，就是这种境界。俯视易造成开阔和惊险的风景效果，如泰山山顶、华山峰顶、黄山清凉台都是这种风景。

3. 仰视观赏

景物高度很大，视点距离景物很近，当仰角超过13°时，就要把头微微扬起，这时与地面垂直的线条有向上消失感，故景物的高度感染力强，易形成高耸、险峻的景观效果及雄伟、庄严、紧张的气氛。在风景园林中，有时为了强调主景的崇高伟大，常把视距安排在主景高度的一倍以内，不让有后退余地，运用错觉，使景象产生高大之感。古典园林叠假山，让人不从假山真高考虑，而将视点安排在近距离内，好像山峰高入蓝天白云之中。

颐和园佛香阁，人在从中轴攀登时出德辉殿后，抬头仰视，视角为62°，觉得佛香阁高入云端，就是这种手法。

平视、俯视、仰视的观赏，有时不能截然分开，如登高楼、峻岭，先自下而上，一步一步攀登，抬头观看的是一组一组仰视景物，登上最高处，向四周平望而俯视，然后一步一步向下，眼前又是一组一组俯视景观，故各种视觉的风景安排，应统一考虑，使四面八方、高低上下都有很好的风景观赏，又要着重安排最佳观景点，让人停息体验。

三、造景手法

造景，即人为地在园林绿地中创造一种既符合一定使用功能，又有一定意境的景区。人工造景要根据园林绿地的性质、功能、规模，因地制宜地运用园林绿地构图的基本规律去规划设计。

现就景在园林绿地中的地位、作用和欣赏要求，将造景的手法分述如下：

（一）主景与配景

景无论大小均有主景与配景之分，在园林绿地中能起到控制作用的景叫"主景"，它是整个园林绿地的核心、重点，往往呈现主要的使用功能或主题，是全园视线控制的焦点。风景园林的主景，按其所处空间的范围不同，一般有两个方面的含义，一个是指整个园子的主景；一个是指园子中由于被园林要素分割的局部空间的主景。以颐和园为例，前者全园的主景是佛香阁排云殿一组建筑，后者如谐趣园的主景是涵远堂。配景起衬托作用，可使主景突出，像绿叶"扶"红花一样，在同一空间范围内，许多位置、角度可以欣赏主景，而处在主景之中，此空间范围内的一切配景又成为观赏的主要对景，所以主景与配景是相得益彰的。例如，北海公园的白塔即为主景。[①]

不同景区之间、不同景点之间、不同空间之间均应有主有次，重点突出。主景需给予突出才容易被人发现和记忆。从视知觉理论来看，也就是视觉强化的过程，即使物象在一般基调之中有所突破，有所变化，从而构成视觉的聚集力，使之突出重点以统率全局。突出主景的方法如下：

---

① 王欣. 传统园林种植设计理论研究 [D]. 北京林业大学，2005：32.

1. 主体升高

主景主体升高，相对地使视点降低，看主景要仰视，一般可取得以简洁明朗的蓝天远山为背景，使主体的造型突出、轮廓鲜明，而不受其他因素的干扰。例如，广州越秀公园的五羊雕塑、北京天坛公园祈年殿、杭州花港观鱼牡丹亭。

2. 面阳朝向

面阳朝向指屋宇建筑的朝向，以南为好。因我国地处北半球，南向的屋宇条件优越，对其他风景园林景物来说也是重要的，山石、花木南向，有良好的光照和生长条件，各处景物显得光亮，富有生气，生动活泼。例如，天坛公园祈年殿、谐趣园中的建筑。

3. 运用轴线和风景视线的焦点

主景前方两侧常常进行配置，以强调陪衬主景，对称体形成的对称轴称中轴线，主景总是布置在中轴线的终点，否则也会感到这条轴线没有终结。此外，主景常布置在园林纵横轴线的相交点，或放射轴线的焦点或风景透视线的焦点上。例如，意大利台地园、法国凡尔赛宫阿波罗喷泉。

4. 动势向心

一般四面环抱的空间，如水面、广场、庭院等，周围次要的景色往往具有动势，趋向于一个视线的焦点，主景宜布置在这个焦点上，如意大利威尼斯的圣马可广场。此外，我国西湖周围的建筑布置都是向湖心的，因此，这些风景点的动势集中中心便是西湖中央的主景——孤山。由于力感作用，在视觉力场中会出现一个平衡中心，对控制全局及均衡稳定感起决定作用。把重要的内容布置在平衡中心的位置，容易突出重点。

5. 空间构图的重心

主景布置在构图的重心处。规则式园林构图，主景常居于几何中心，如西方古典园林内的喷泉。而自然式园林构图，主景常布置在自然重心上，如中国传统假山园，主峰切忌居中，就是主峰不设在构图的几何中心，而有所偏，但必须布置在自然空间的重心上，四周景物要与其配合。

6. 渐变法

在园林景物的布局上，采取渐变的方法，从低到高，逐步升级，由次景到主景，级级引人入胜。

颐和园佛香阁建筑群，游人到达排云门时，看到佛香阁的仰角为28°，上升90台石级到达排云殿后看到佛香阁时的仰角为49°，石级再上升114台到德辉殿后，看佛香阁时的仰角为62°，游人与对象之间视觉关系步步紧张，佛香阁主体建筑的雄伟感随着视角的变化而步步上升。

把主景安置在渐层和级进的顶点，将主景步步引向高潮，是强调主景和提高主景艺术感染力的重要处理手法。此外，空间的一重更进一重，所谓"园中有园，湖中有湖"的层层引人入胜，也是渐进的手法。例如，杭州的三潭印月，为湖中有湖、岛中有岛；颐和园的谐趣园为园中有园等。

综上所述，主景是强调的对象，为了达到此目的，一般在体量、形状、色彩、质地及位置上都被突出。为了对比，一般用以小衬大、以低衬高的手法突出主景。但有时主景也不一定体量都很大、很高，在特殊条件下低在高处、小在大处也能取胜，成为主景，如长白山天池就是低在高处的主景。

（二）近景、中景、全景与远景

景色就空间距离层次而言有近景、中景、全景与远景。近景是近视范围较小的单独风景；中景是目视所及范围的景致；全景是相当于一定区域范围的总景色；远景是辽阔空间伸向远处的景致，相当于一个较大范围的景色。远景可以作为风景园林开阔处瞭望的景色，也可以作为登高处鸟瞰全景的背景。山地远景的轮廓称轮廓景，晨昏和阴雨天的天际线起伏称为蒙景。合理的安排前景、中景与背景，可以加深景的画面，富有层次感，使人获得深远的感受。

前景、中景、远景不一定都具备，要视造景要求而定，如景观效果要开朗广阔、气势宏伟，前景就可不要，只要简洁背景烘托主题即可。

有的景观景深的绝对透视距离很大，由于缺乏层次，在感觉上平淡而缺乏深度感；如果景区的绝对透视距离并不大，但若有层次结构，可引起空间深远感，加强风景的艺术魅力，如杭州"三潭印月"。多层次景观并不是所有的景物都需要有层次处理，应视具体情况而定。如果需要开朗景观，则层次宜少或无层次，如大草坪或交通绿岛的绿化设计。

（三）借景

根据造景的需要，将园内视线所及的园外景色有意识地组织到园内进行欣赏，成为园景的一部分，称借景。"借"也是"造"。借景是极为重要的造景手段。《园冶》卷二、六"借景"专题篇中，把借景之法分为远借、邻借、仰借、俯借和应时而借五种手法。"园林巧于因借，精在体宜""借者，园虽别内外，得景则无拘远近。晴峦耸秀，绀宇凌空，极目所至，俗则屏之，嘉则收之。不分町疃，尽为烟景……"说明借景除借园外景物，以丰富园内景观，增加层次和扩大空间感外，园内景物也可以相互因借。但究其实质，实为园内外和园内各空间景观的相互渗透或互为对景和相互烘托的关系。借景要达到"精"和"巧"的要求，使借来的景色同本园空间的气氛环境巧妙地结合起来，让园内园外相互呼应汇成一片。

借景能使可视空间扩大到目力所及的任何地方，在不耗费人工财力、不占园内用地的情况下，极大地丰富风景园林景观。借景可以表现在多个方面，按景的距离、时间、角度等，可分以下几种：

1. 远借

远借就是借取园外远景，把园外远处的景物组织进来，所借景物可以是山、是水、是树木、是建筑等。所借的园外远景通常要有一定高度，以保证不受园边墙、树、山石的遮挡。有时为了弥补这方面的不足，常在园内高处设置高台或建筑。远借虽然对观赏者和被观赏者所处的高度有一定要求，但产生的仍是平视效果，与仰借、俯借有较大的差别。

2. 邻借（近借）

邻借就是把园林周围相邻的景物引入视线之中，将邻近的景色组织进来。邻借对景物的高度要求不严格，低洼之地也可被借。周围环境是邻借的依据，周围景物，只要是能够利用成景的都可以利用，不论是亭、阁、山、水、花木、塔、庙。例如，现代茶室采用落地玻璃墙邻借墙外景观；避暑山庄邻借周围的"八庙"；苏州沧浪亭园内缺水，而邻园有河，则沿河做假山、驳岸和复廊，不设封闭围墙，从园内透过漏窗可领略园外河中景色，园外隔河与漏窗也可望园内，园内园外融为一体，就是很好的一例。

3. 仰借

利用仰视所借之景观，借居高之景物，以园外高处景物作为借景。仰借之景物常为山峰、瀑布、高阁、高塔之类。例如，北海可借附近景山万春亭。仰借视角过大时易产生疲劳感，附近应有休息设施。

4. 俯借

俯借与仰借相反，是由高向低利用俯视所借之景物。许多远借也是俯借，登高才能远望，"欲穷千里目，更上一层楼"。登高四望，四周景物尽收眼底，就是俯借。所借之景物甚多，如江湖原野、湖光倒影等。万春亭可借北海之内景物，六和塔可借钱塘江宽广曲折的水景，避暑山庄之借外八庙也是俯借。此外，现如今著名黄龙风景区借珍珠滩、黄龙五彩池景观亦是俯借。俯借给人的感受也很深刻，但常使人"趋边性"，应在边界处设置铁索、护栏、墙壁等保护措施。

5. 应时而借

利用一年四季、一日之时，由大自然的变化和景物的配合而成。如以一日来说，日出朝霞，晓星夜月；以一年四季来说，春光明媚，夏日原野，秋天丽日，冬日冰雪。就是植物也随季节转换，如春天的百花争艳，夏天的树荫覆盖，秋天的层林尽染，冬天的树木姿态。这些都是应时而借的意境素材，许多名景都是应时而借成名的，如"琼岛春阴""曲院风荷""平湖秋月""南山积雪""卢沟晓月"等。

（1）借时。一天之内的晨昏明暗变化可以使人感受到自然的节律,如江苏扬州五亭桥；颐和园由前山去谐趣园的路上有一关城，其东称"紫气东来"，其西为"赤城霞起"；传说老子骑牛过潼关时，宛如霞光普照。建筑朝向一旦不好就要用人文和自然景观加以弥补。夕佳楼是颐和园中的另一个例子，它位于"宜芸馆"西侧，黄昏阳光强烈，环境条件并不好（有人称之为"西晒楼"）。为此，在院中叠石时采用含有氧化铁成分的房山石，其新者橙红，旧者橙黄，从西侧楼上看，黄昏下的石峰在阳光的照射下，有"夕阳一抹金"的效果。院内种植国槐供鸟类栖息,楼西为水面,长满荷花。有对联曰"隔叶晚莺藏谷口,唼花雏鸭聚塘坳",分写楼两边假山谷口的安静和池塘荷旁的声响,达到了陶渊明原诗里"山气日夕佳,飞鸟相与还"的意境要求。

避暑山庄西岭晨霞同样面西而立,却是赏朝阳射于西岭之上的景色,而非晚霞辉映的效果。"锤峰落照""清晖亭""瞩朝霞"等都是朝东的建筑,可以欣赏到棒槌山、蛤蟆石、罗汉山的剪影效果。其中"锤峰落照"主要供东望夕阳余晕照射下光彩夺目的磐锤峰。由此可见,赏景不应为建筑所左右,朝向可以东西向,甚至南北倒座,可以面东而赏夕阳,也可以面西而赏朝霞,宜视周围环境而定。香山有霞标石壁,苏州街旁有寅辉,均是"借时"之作。

(2)借天。天气的变化常引起人们浓厚的兴趣。国外很多现代园林内不设亭廊等遮蔽设施,认为受些风吹雨打反而更有意味。泰山斩云剑、避暑山庄的南山积雪,都是对天时变化的欣赏,较为稳定,易于安排的天气变化要数四季的更替了。东晋王微曾说"望秋云,神飞扬,临春风,思浩荡",陆机《文赋》里也写到"遵四时之叹逝,瞻万物而思纷,悲落叶于劲秋,喜柔条于芳春",都说明了借助天时的变化,人们可以抒发自己的情怀。郭熙云"春山淡冶而如笑,夏山苍翠而如滴,秋山明净而如妆,冬山惨淡而如睡",赋予了四季不同的性格。

6. 借影

杭州花圃"美人照镜"石正面效果并不突出,但在水的倒影里可将靠里面的形态较美的部分反射出来。狮子林有"暗香疏影楼"取意于宋朝林逋的诗句"疏影横斜水清浅,暗香浮动月黄昏",将诗的意境表达在园林里。拙政园东部的"倒影楼"、避暑山庄的"镜水云岑"等都是借影的例子。此外,还有许多通过借影创造丰富优美的景观效果范例,如西藏拉萨的布达拉宫、苏州古典建筑群及北京颐和园的十七孔桥等的借影。

7. 借声

拙政园燕园有"留听阁",取自晚唐李义山"留得残荷听雨声"之句。避暑山庄内的风泉清听、莺啭乔木、远近泉声、万壑松风、暖流喧波、听瀑亭、月色江声等都是以听觉为主的景点,做到了"绘声绘色"。再如,寄畅园的"八音涧",涧中石路迂回,上有茂林,下流清泉。其落水之声好似用"金、石、丝、竹、匏、土、革、木"八种材料制成的乐器,合奏出"高山流水"的天然乐章。

8. 借香

草木的气息可使空气清新宜人,颐和园澄爽斋即取其意,堂前对联写着"芝砌春光兰池夏气,菊含秋馥桂映冬荣",道出了春兰夏荷秋菊冬桂带来的满院芬芳。恭王府花园本不大,以香为景题的就有"樵香径""雨香岑""妙香亭""吟香醉月""秀挹恒春"等几处,成为园林中烘托山林气氛的重要手段。

9. 借虚

借景可借实景也可借虚景。颐和园的清晏舫取名出自郑锡的"河清海晏，时和岁丰"，显示出帝王巡游于太平盛世的升平景象。与"人生在世不称意，明朝散发弄扁舟"为指导的江南旱船建筑有很大的区别。瘦西湖、狮子林、南京照园、怡园、寄啸山庄、上海秋霞圃、古猗园等都设有这种"不系舟"。拙政园的香洲内又题有"野舫"，仿佛要在不沉之舟中感受到"少风波处便为家"的清逸节奏。现已不存的避暑山庄"云帆月舫"（现为原样复建）设于岸上，依"月来满地水，云起一天山"而将如水的月作为"驾轻云，浮明月"的凭借条件。

广东清晖园、余荫山房也建有船厅。以清晖园为例，楼也在湖岸较远处，以蕉叶形式的挂落模拟"蕉林夜泊"的意境，水边一株大垂柳上紫藤缠绕，象征船缆。楼以边廊和湖岸相接，宛如跳板，整个景点全靠意境连缀而成，浑然一体。

10. 借古

"江山也要文人捧，堤柳而今尚姓苏。"我国风景园林历来是融自然景观和人文景观于一身的，两者可谓缺一不可。苏州虎丘为吴王墓地，传说曾有宝剑埋于此地，人们纷纷前来寻找，剑未找到却掘出一个大坑，称为剑池。池旁一石，上有裂缝，便被称为试剑石，风景就是这样一步步由浅而深、由简及丰发展来的。杭州灵隐寺的形态和周围有较大差异，并有泉水。为借以扬名，便有人传言山是由西天飞来的，山上石洞尚有灵猿，游人遂众。苏东坡游后曾题诗曰"不知水从何处来，跳波赴壑如奔雷。"人们便建春凉亭、壑雷亭于香道旁边，提高了对香客的吸引力。冷泉亭有联王维诗"泉声咽危石，日色冷青松"，描写优美的自然景色。春凉亭联为"山水多奇踪，二涧春水一灵鹫；天地无调换，百顷西湖十里源"。貌似介绍这里水是百顷西湖之源，山是万里天堂之峰，实则暗示游人，佛法可使飞来峰落于此地，自然是万般灵验了，而灵隐乃是东土佛学之源，这一点和天地一样永远不会改变，使人感到妙趣横生。

我国古典园林有着优良的传统，随着时代的发展需要补充新的内容，原有的部分内容将可能受到冷落，有人说邻借在空间开放的现代社会中将不复存在。今天风景园林的开放性和公共性要求新的形式与其适应，快速交通工具如汽车、火车上的观赏者将以中景、远景为主。大多数绿地要满足人看人的需要，要成为人们相互交往的场所，尤其是街心公园、居住区绿地，常常需要更高、更新的设计手法而不能仅仅满足于对传统的模仿，否则任何一位非专业人员也能"照葫芦画瓢"，产生出徒具形式而无实际内容的风景园林。有的风景园林设计师在形成自己一套固定模式之后，经常不分场合地随处套用。对于一些功能性的设计，其固有的合理性自然不应放弃，对于创意性设计，则应尽可能使之"景色如新"，甚至在没有绞尽脑汁进行思考之前，设计师根本难以设想到最后"成品"的细枝末节。这种不可预见性正是风景园林空间丰富多彩、变幻莫测的魅力所在。

（四）对景与分景

为了创造不同的景观，满足游人对各种不同景物的欣赏，园林绿地进行空间组织时，对景与分景是两种常见的手法。

1. 对景

位于园林绿地轴线及风景视线端点设置的景物叫对景。对景常置于游览线的前方，给人的感受直接、鲜明。为了观赏对景，要选择最精彩的位置，设置供游人休息逗留的场所，作为观赏点，如安排亭铺、草地等与景相对。在城市的中轴线上对全局起统率作用的高大主景，如景山万春亭、各古老城市里的钟鼓楼都是采用正对手法使之成为独一无二的观赏重点。景可以正对，也可以互对。正对在轴线的端点设景点，是为了达到雄伟、庄严、气魄宏大的效果；互对是在园林绿地轴线或风景视线两端点设景点，互成对景。规则园林里也不时对此手法加以运用，但更为普遍的是互对——在风景视线的两端设景，它可以使景象增多，同时可避免单一建筑体量过大。互对景也不一定有非常严格的轴线，可以正对，也可以有所偏离。互对的角度要求也不像正对那样严格，对景之间常保持一定的差异而不求对等以突出自身的特点。江南园林里主体建筑与山池之间，北海的琼岛和团城之间都是互对的实际应用。

2. 分景

我国风景园林含蓄有致，意味深长，忌"一览无余"，要能引人入胜。所谓"景愈藏，意境愈大；景愈露，意境愈小"。分景常用于把园林划分为若干空间，使之园中有园，景中有景，湖中有岛，岛中有湖。园景虚虚实实，景色丰富多彩，空间变化多样。分景按其划分空间的作用和艺术效果，可分为障景和隔景。

（1）障景（抑景）。在园林绿地中，凡是抑制视线，引导空间屏障景物的手法叫障景。障景可以运用各种不同的题材来完成，可以用土山做山障，用植物题材的树丛叫树障，用建筑题材做成转折的廊院，叫作曲障等，也可以综合运用。障景一般是在较短距离之间才被发现，因而视线受到抑制，有"山重水复疑无路"的感觉，于是改变空间引导方向，而逐渐展开园景，达到"柳暗花明又一村"的境界。即所谓"欲扬先抑，欲露先藏，先藏后露，才能豁然开朗"。

障景的手法是我国造园的特色之一，以著名宅园为例，进了园门穿过曲廊小院或宛转于丛林之间或穿过曲折的山洞来到大体瞭望园景的地点，此地往往是一面或几面散开的厅轩亭之类建筑，便于停息，但只能略貌全园或园中主景，这里只让园中美景的一部分隐约可见，但又可望而不可即，使游人产生无穷奇妙的向往和悬念，达到了引人入胜的效果。

障景在中国古典园林里应用得十分频繁。苏州拙政园腰门的设计就很有变化。当人们经过转折进入门厅内时，一座假山挡住去路，这时有五条路线可供选择：门厅西侧接廊，分题"左通""右达"（现东边封死，但由题刻可知原来也有廊子）；沿廊西去可到小沧浪，这里水曲岸狭，小飞虹、香洲、听香深处、荷风四面、见山楼等建筑在狭长的视野里层层分布，和远香堂对面空阔的自然山池形成强烈对比；如不想西行过远，可由山西面过桥前往，远香堂和听香堂深处之间的狭小空间，让人在到达远香堂前对中部空间的宽广毫无预料，东部一条小路顺坡而下，这里不像西坡，山、水、建筑密集，只有和地形结合得很好的一道云墙，显得空旷，是前面庭园小空间之后的一处较为开散的景区（但与中部相比面积上仍有数倍的差距）；中间两条路一条潜入山洞，在洞里成"S"形转折，更加强了直与曲、明与暗的对比；一条沿山而上，山不高而陡，峭壁临水，又是另一种感受。五条道路五种感受，都与前后空间保持了联系，收到了"日涉成趣"之效。

（2）隔景。凡将园林绿地分隔为不同空间、不同景区的手法称为隔景。为使景区、景点都有特色，避免各景区的相互干扰，增加园景构图变化，隔断部分视线及游览路线，使空间"小中见大"。隔景的手法如常用绵延的土岗把两个不同意境的景区划分开来，或同时结合运用一水之隔。划分景区的岗阜不用高，2~3m挡住视线即可。隔景的方法与题材也很多，如树丛、植篱、粉墙、漏墙、复廊等。运用题材不一，目的都是隔景分区，但效果和作用依主题而定，或虚或实，或半虚半实，或虚中有实，实中有虚。简单来说，一水之隔是虚，虽不可越，但可望及；一墙之隔是实，不可越也不可见；疏林是半虚半实；而漏隔是虚中有实，似见而不能越过。

运用隔景手法划分景区时，不但把不同意境的景物分隔开来，也使景物有了一个范围，一方面，可以使注意力集中在范围内的景区上；另一方面，从这个景区到那个不同主题的景区两者不相干扰，各自别有洞天，自成一个单元，而不致像没有分隔时那样，有骤然转变和不协调的感觉。

我国风景园林在这方面有很多成功的例子。山和石墙、一般性建筑可以隔断视线，称为实隔；空廊花架、乔木地被、水面漏窗虽造成不同空间的边界感却仍可保持联系，是为虚隔；堤岛、桥梁、林带等常可造成景物若隐若现的效果，称作虚实隔。国外很多古典园林中各个部分只是为某个视点提供画面，自身的个性受到了伤害。西方现代风景园林充分注意到了这一点，对于外部空间的设计和用植物材料进行空间划分的手段进行了广泛研究。相比之下我国风景园林界沿袭多于创新，而古典园林中以实隔为主，即使虚隔也多用廊、窗等建筑素材，使得建筑气氛浓烈（虽然在水面分隔上古典手法仍可发挥较好作用，但解决游人活动需求的关键还在陆地）。因此，并未创作出足够的真正意义上的新型风景园林。所以，这方面的设计水平有待提高。

（五）框景、夹景、漏景、添景

园林绿地景观构图，立体画面的前景处理手法可分为框景、夹景、漏景和添景等。

1. 框景

它将景物直接呈现于游人面前，对于更好地选取景面有很大的帮助。

空间景物不尽可观，或则平淡间有可取之景。利用门框、窗框、树框、山洞等，有选择地摄取空间的优美景色，而把不要的隔绝遮住，使主体集中，鲜明单纯，恰似一幅嵌于镜框中的立体美丽画面。这种利用框架所摄取景物的组景手法叫框景。框景的作用在于把园林绿地的自然美、绘画美与建筑美高度统一于框景之中，因为有简洁的框景为前景，约束了人们游览时分散的注意力，使视线高度集中于画面的主景上，是一种有意安排强制性观赏的有效办法，处理成在不经意中得佳景，给人以强烈的艺术感染力，如扬州瘦西湖吹台亭的三星拱照，利用月亮门做框景。

框景务必设计好入框之对景，观赏点与框景应保持适当距离，视中线最好落在框景中心。其中框景的形式有入口框景、端头框景、流动框景、镜游框景。

2. 夹景

远景在水平方向视界很宽，但其中又并非都很动人，因此，为了突出理想的景色，常将左右两侧以树丛、树干、土山或建筑等加以屏障，于是形成左右遮挡的狭长空间，这种手法叫夹景。夹景是用来遮蔽两旁留出的透景线，借以突出轴线顶端主景的景物，是运用轴线、透视线突出对景的手法之一，夹景可以造成景物的深远感，它可由山、石、建筑和植物构成，本身的变化不要使人感到过于突出。夹景是一种引导游人注意的有效方法，沿街道的对景，利用密集的行道树来突出，就是这种方法。

3. 漏景

漏景是从框景发展而来的。如果为使框入的景色含蓄、富有变化，而借助于窗花、树枝产生似隔非隔、若隐若现的效果，就称为漏景。框景景色全观，漏景若隐若现，有"犹抱琵琶半遮面"的感觉，含蓄雅致。漏景不限于漏窗看景，还有漏花墙、漏屏风等。除建筑装修构件外，利用疏林树干也是营造漏景的好方式，植物宜高大，枝叶不过分郁闭，树干宜在背阴处，排列宜与远景并行。例如，北京颐和园玉澜堂南端昆明湖边的一丛松柏林，错落有致，从疏朗的树干间透漏过来的万寿山远景，显得格外注目。

4. 添景

当风景点与远方之间没有其他中景、近景过渡时，为求主景或对景有丰富的层次感，加强远景"景深"的感染力，常做添景处理，如留园冠云峰。位于主景前面景色平淡的地方用以丰富层次的景物便是添景。建筑、植物均为构成添景理想的材料。添景可用建筑的一角或建筑小品，树木花卉。用树木做添景时，树木体型宜高大，姿态宜优美。例如，在湖边看远景常有几丝垂柳枝条作为近景的装饰就很生动。添景在宾馆饭店等场所更应受到重视。

（六）点景

我国风景园林善于抓住每一景观特点，根据它的性质、用途，结合空间环境的景象和历史，高度概括，常做出形象化、诗意浓、意境深的园林题咏，其形式多样，有匾额、对联、石碑、石刻等。题咏的对象更是丰富多彩，无论景象、亭台楼阁、一门一桥、一山一水，甚至名木古树都可以给予题名、题咏。例如，颐和园万寿山、爱晚亭、鱼沼秋蓉，杭州西湖曲院风荷，海南三亚南天一柱、天涯海角，泰山松、将军树、迎客松、兰亭、花港观鱼、正大光明、纵览云飞、碑林等。它不但丰富了景的欣赏内容，增加了诗情画意，点出了景的主题，给人以艺术联想，还有宣传装饰和导游的作用。各种园林题咏的内容和形式是造景不可分割的组成部分，我们把创作设计园林题咏称为点景手法，它是诗词、书法、雕刻、建筑艺术等的高度融合。

第三章 城市园林植物种植设计

第一节 种植设计的基本原则

园林植物在设计的时候，不仅要遵循生态学原理，根据植物自身的生态要求进行因地制宜的设计，还要结合美学原理，兼顾生态和人文美学。师法自然是设计的前提，胜于自然是从属要求。园林植物资源丰富，对植物形态的多方面把握，采用美学原理，把每种植物运用在园林中，充分展示植物本身特色，营造良好生态景观的同时，要形成景观上的视觉冲击。因此，园林中植物设计不与林学上的植物栽植相同，而是有其独特的要求。

一、"适地适树"，以场地性质和功能要求为前提

园林植物的设计，首先要从园林场地的性质和功能出发。在园林中，植物是园林灵魂的体现。植物使用的地方很多，使用的方式也很多，不同的地段，针对不同的地块，都有其具体的园林设计功能需求。

街道绿地是园林设计中比较常见的。针对街道，首先要解决的是荫蔽，用行道树制造一片绿荫，达到供行人避暑的目的，同时，要考虑运用行道树来组织交通，注意行车时候对视线遮挡的实际问题，以及整个城市的绿化系统统一美化的要求。公园是园林不可或缺的一个部分，在公园设计中一般有可供大量游人活动的大草坪或者广场，以及避暑遮阴的乔灌木、密林、疏林、花坛等观赏实用的植物群。工厂绿化在日益发达的工业发展中，逐步被人重视，它涉及工厂的外围防护、办公区的环境美化，以及休息绿地等板块。

园林植物的多样性导致了各种植物生长习性的不同，喜光，喜阴，喜酸性土壤，喜中性土壤，喜碱性土壤，喜欢干燥，喜欢水湿，或长日照和短日照植物等各有不同需求。根据"物竞天择，适者生存"的理念，在园林场地与植物生长习性不匹配的情况下，植物往往会生长缓慢，表现出各种病状，最终会逐渐死亡。因此，在植物种植设计时，应当根据园林绿地各个场地进行实地考察，在光照、水分、温度以及风力等实际方面多做工作，参照乡土植物，合理选取，配置相应物种，使各种不同习性的植物能在相对较适应的地段生长，形成生机盎然的景观效果。

本土植物是指产地在当地或起源于当地的植物，即长期生存在当地的植物种类。这类植物在当地经历了漫长的演化过程，最能够适应当地的生境条件，其生理、遗传、形态特征与当地的自然条件相适应，具有较强的适应能力。它是各个地区最适合用于绿化的树种，可以有效提高植物的存活率和自然群落的稳定性，做到适地适树。同时，乡土植物是最经济的树种，运输管理费用相对较低，也是体现当地城市风貌的最佳选择。

二、以人为本的原则

任何景观都是为人而设计的，但人的需求并不完全是对美的享受，真正的以人为本应当首先满足人作为使用者的最根本的需求。植物景观设计亦是如此，设计者必须掌握人们的生活和行为的普遍规律，使设计能够真正满足人的行为感受和需求，即必须实现其为人服务的基本功能。但是，有些决策者为了标新立异，把大众的生活需求放在一边，植物景观设计缺少了对人的关怀，走上了以我为本的歧途。例如，禁止入内的大草坪、地毯式的模纹广场，烈日暴晒，缺乏私密空间，人们只能望"园"兴叹。因此，植物景观的设计必须符合人的心理、生理、感性和理性需求，把服务和有益于"人"的健康和舒适作为植物景观设计的根本，体现以人为本，满足居民"人性回归"的渴望，力求创造环境宜人、景色引人、为人所用、尺度适宜、亲切近人、人景交融的环境。

三、植物配置的多样性原则

根据遗传基因的多样性，园林植物在选择上，有太多的选择方式。但是，植物的多样性充分体现了当地植物品种的丰富性和植物群落的多样性，可以表现出多少绿量才能使植物景观有更加稳定的基础。各种植物在自身适宜环境下生长、发育、繁殖，都会有其独特的形态特征和观赏特点。就木本植物而言，每一种树木在花、叶、果、枝干、树形等方面的观赏特性都各不相同。例如，罗汉松、马褂木是以观叶为主，樱花、碧桃以观花为主，火棘、金橘以观果为主，龙爪槐、红瑞木主要观赏枝干，柏树类主要就是观赏它的树形，也用于陵墓，塑造庄严气氛。在城市园林中，由于有大量高大建筑，硬质铺装，通常情况下，需要选用多种园林观赏植物来形成丰富多彩的园林绿地景观，提高园林绿地的艺术水平和观赏价值，优化城市绿化系统。多样性植物、多品种植物的运用，根据植物的季相性变化，会使得城市园林绿地呈现出各个季度不同的色彩、不同的生气，带来四季常青、生机盎然的优美景观。

多种植物的选用，可以对城市不同地段的光照、水分、土壤和养分等多种生态条件进行合理的利用，获得良好的生态效益。植物的正常生长都需要适宜的环境条件，在城市中，光照、湿度及土壤的水分、肥力、酸碱性等生态条件有很大的差异，因此，仅用少数几种植物满足不了不同地段的各种立地条件；选用多种植物，就有了多种环境条件的契合，可以有效地做到有地就有相宜植物与之搭配。例如，在高层建筑的小区中，住宅楼的北面是背阴面，在地面上一般不容易形成绿化地块，需选用耐阴的乔木、灌木、藤本及草本植物来统一整合植物优势进行绿化。城市绿化还要考虑到植物覆盖率以及单位面积植物活体量和叶面积指数，使用多种植物进行绿化，可以有效提高以上参数，同时可以增加居住区内绿地面积，实现净化空气、消减噪声、改善小环境气候等功能。[1]

在植物绿化种植设计中，以各种植物有其不同的功能为依据，可以根据绿化的功能要求和立地条件选择种植适宜的园林植物。例如：在需要遮挡太阳西晒的绿化地段，可配置刺桐、喜树等高大乔木；在需要进行交通组织的地段，通常可用小叶女贞、丁香球、红花檵木等灌木绿篱进行分割、处理；在需要安排遮阴乘凉的地段，可以使用小叶榕、桂花、荷花、玉兰等枝叶繁密、分支点适宜的乔木；在需要攀附的廊架、围栏等独立小品面前，可以种植可观赏的藤本植物，如丁香、藤本月季、紫罗兰、常春油麻藤等；在需要设置亭廊的周围，需要打造出一片属于该处的独特景观视点，以值得游人驻足。在广场活动集结的地方，一片草坪势必会让硬质也软化，这是讲究阴阳调和。选用多种植物，可以满足自然需求，可以满足人们对美的定义，用植物创造自然美，可以有效防治多种环境污染问题。

四、满足生态要求的"人工群落"原则

植物种植设计时，要遵循自然生态要求，顺应自然法则，形成植物生态群落，选择对应植物，构成相同群落元素，师法自然。要满足植物的生态要求，一方面，要在选择植物树种时因地制宜，适地适树，使种植物的生态习性和栽植点的生态条件基本能够得到统一；另一方面，需要为植物提供合适的生态条件，如此才能使植物成活并正常生长。同时，对各种大小乔木、灌木、藤本、草本植物等地被植物进行科学的有机组合，形成各种形态、各种习性、各种季相、各种观赏要素合理配合，形成多层次复合结构的人工植物群落及良好的景观层次。

植物景观除了供人们欣赏外，更重要的是能创造出适合人类生存的生态环境。它具有吸音除尘、降解毒物、调节温湿度及防灾等生态效应，如何使这些生态效应得以充分发挥，是植物景观设计的关键。在设计中，应从景观生态学的角度，结合区域景观规划，对设计地区的景观特征进行综合分析。

五、满足艺术性、形式美法则

植物景观设计同样遵循着绘画艺术和景观设计艺术的基本原则，即统一、调和、均衡

---

[1] 马军山. 现代园林种植设计研究 [D]. 北京林业大学，2005：18.

和韵律四大原则。植物的形式美是植物及其"景"的形式，一定条件下在人的心理上产生的愉悦感反应。它由环境、物理特性、生理感应三要素构成。即在一定的环境条件下，对植物间色彩明暗的对比、不同色相的搭配及植物间高低大小的组合，进行巧妙的设计和布局，形成富有统一变化的景观构图，以吸引游人，供人们欣赏。

完美的植物景观必须具备科学性与艺术性两方面的高度统一，既要满足植物与环境在生态适应上的统一，又要通过艺术构图原理体现出植物个体及群体的形式美及人们欣赏时所产生的意境美。意境是中国文学和绘画艺术的重要表现形式，同时贯穿于园林艺术表现之中，即借植物特有的形、色、香、声、韵之美，表现人的思想、品格、意志，创造出寄情于景和触景生情的意境，赋予植物人格化。这一从形态美到意境美的升华，不但含意深邃，而且达到了"天人合一"的境界。植物景观中艺术性的创造是极为细腻复杂的，需要巧妙地利用植物的形体、线条、色彩和质地进行构图，并通过植物的季相变化来创造瑰丽的景观，表现其独特的艺术魅力。

六、师法自然

植物景观设计中栽培群落的设计，必须遵循自然群落的发展规律，并从丰富多彩的自然群落组成、结构中借鉴，保持群落的多样性和稳定性，这样才能从科学性上获得成功。自然群落内各种植物之间的关系是极其复杂的，主要包括寄生关系、共生关系、附生关系、生理关系、生物化学关系和机械关系。在实现植物群落物种多样性的基础上，考虑这些种间关系，有利于提高群落的景观效果和生态效益。例如，温带地区的苔藓、地衣常附生在树干上，不但形成了各种美丽的植物景观，而且改善了环境的生态效应；而白桦与松、松与云杉之间具有对抗性，核桃叶分泌的核桃酶对苹果有毒害作用。这些现实环境中存在的客观条件不可不察，必须在植物种植设计的时候充分考虑这些因素，才能设计出自然而然的景观。

第二节　乔木灌木种植形式

乔木是植物景观营造的骨干材料，形体高大，枝叶繁茂，绿量大，生长年限长，景观效果突出，在种植设计中占有举足轻重的地位，能否掌握乔木在园林中的造景功能，是决定植物景观营造成败的关键。"园林绿化，乔木当家"，乔木体量大，占据园林绿化的最大空间，因此，乔木树种的选择及其种植类型反映了一个城市或地区的植物景观的整体形象和风貌，是种植设计首先要考虑的问题。

灌木在园林植物群落中属于中间层，起着乔木与地面、建筑物与地面之间的连贯和过渡作用。其平均高度基本与人平视高度一致，极易形成视觉焦点，在植物景观营造中具有极其重要的作用。灌木种类繁多，既有观花的，也有观叶、观果的，更有花果或果叶兼美者。

根据在园林中的应用目的，大体可分为孤植、对植、列植、丛植和群植等几种类型。

一、孤植

孤植是指在空旷地上孤立地将一株或几株同一种树木紧密地种植在一起，用来表现单株栽植效果的种植类型。

孤植树在园林中既可做主景构图，展示个体美，也可做遮阴之用，在自然式、规则式中均可应用。孤植树主要是表现树木的个体美。例如，奇特的姿态、丰富的线条、浓艳的花朵、硕大的果实等。因此孤植树在色彩、芳香、姿态上要有美感，具有很高的观赏价值。

孤植树的种植地点要求比较开阔，不仅要保证树冠有足够的空间，而且要有比较合适的观赏视距和观赏点。为了获得较清晰的景物形象和相对完整的静态构图，应尽量使视角与视距处于最佳位置。通常垂直视角为26°~30°，水平视角为45°时观景较佳。

在安排孤植树时，要让人们有足够的活动场地和恰当的欣赏位置，尽可能用天空、水面、草坪、树林等色彩单纯而又有一定对比变化的背景加以衬托，以突出孤植树在体量、姿态、色彩等方面的特色。

适合作为孤植树的植物种类有雪松、白皮松、油松、圆柏、侧柏、金钱松、银杏、槐树、毛白杨、香樟、椿树、白玉兰、鸡爪槭、合欢、元宝枫、木棉、凤凰木、枫香等。

二、对植

对植是指用两株或两丛相同或相似的树，按一定的轴线关系，有所呼应地在构图轴线的左右两边栽植。在构图上形成配景或夹景，很少作为主景。

对植多应用于大门的两边，建筑物入口、广场或桥头的两旁。例如：在公园门口对植两株体量相当的树木，可以对园门及其周围的景观起到很好的引导作用；在桥头两边对植能增强桥梁的稳定感。对植也常用在有纪念意义的建筑物或景点两边，这时选用的对植树种在姿态、体量、色彩上要与景点的思想主题相吻合，既要发挥其衬托作用，又不能喧宾夺主。例如，广州中山纪念堂前左右对称栽植的两株白兰花，对植于主体建筑的两旁，高大的体量符合建筑体量的要求，常绿的开白花的芳香树种，又能体现对伟人的追思和哀悼，寓意万古长青、流芳百世。

两株树对植包括两种情况：一种是对称式，建筑物前一边栽植一株，而且大小、树种要对称，两株树的连线与轴线垂直并等分。另一种是非对称式，两边植株体量不等或栽植距离不等，但左右是均衡的，多用于自然式。选择的树种和组成要比较近似，栽植时注意避免呆板的绝对对称，但又必须形成对应，给人以均衡的感觉。如果两株体量不一样，可在姿态、动势上取得协调。种植距离不一定对称，但要均衡，如路的一边栽雪松，一边栽种月季，体量上相差很大，路的两边是不均衡的，我们可以加大月季的栽植量来达到平衡的效果。对植主要用于强调公园、建筑、道路、广场的出入口，突出它的严整气氛。

三、列植

列植是指乔灌木按一定株行距成排成行地栽植。

列植树种要保持两侧的对称性，当然这种对称并不是绝对的对称。列植在园林中可作为园林景物的背景，种植密度较大的可以起到分隔空间的作用，形成树屏，这种方式使夹道中间形成较为隐秘的空间。通往景点的园路可用列植的方式引导游人视线，这时要注意不能对景点造成压迫感，也不能遮挡游人。在树种的选择上要考虑能对景点起到衬托作用的种类，如景点是已故伟人的塑像或纪念碑，列植树种就应该选择具有庄严肃穆气氛的圆柏、雪松等。行列栽植形成的景观比较整齐、单纯、气势大，是公路、城市街道、广场等规划式绿化的主要方式。

在树种的选择上，要求有较强的抗污染能力，在种植上要保证车辆、行人的安全，还要考虑树种的生态习性、遮阴功能和景观功能。

列植的基本形式有两种：一是等行等距，从平面上看是成正方形或品字形。它适合用于规则式栽植。二是等行不等距，行距相等，但行内的株距有疏密变化，从平面上看是不等边三角形或不等边四边形。其可用于规则式或自然式园林的局部，也可用于规划式栽植到自然式栽植的过渡。

四、丛植

丛植通常由几株到十几株乔木或乔灌木按一定要求栽植而成的。

树丛有较强的整体感，是园林绿地中常用的一种种植类型，它以反映树木的群体美为主。从景观角度考虑，丛植须符合多样统一的原则，所选树种的形态、姿势及其种植方式要多变，不能对植、列植或形成规则式树林。因为要处理好株间、种间的关系。整体上要密植，像一个整体，局部又要疏密有致。树丛作为主景时四周要空旷，有较为开阔的观赏空间和通透的视线，或栽植点位置较高，使树丛主景突出。树丛栽植在空旷草坪的视点中心上，具有极好的观赏效果；在水边或湖中小岛上栽植，可作为水景的焦点，能使水面和水体活泼而生动；公园进门后的树丛既可观赏又有障景的作用。

树丛与岩石结合，设置于白粉墙前、走廊或房屋的角隅，是组成景观常用的手法。另外，树丛还可作为假山、雕塑、建筑物或其他园林设施的配景。同时，树丛还能作为背景，如用雪松、油松或其他常绿树丛作为背景，前面配置桃花等早春观花树木或花境均有很好的景观效果。树丛设计必须以当地的自然条件和总的设计意图为依据，用的树种虽少，但要选得准，以充分掌握其植株个体的生物学特性及个体之间的相互影响，使植株在生长空间、光照、通风、温度、湿度和根系生长发育方面都取得理想效果。

五、群植

群植是由十几株到二三十株的乔灌木混合成群栽植而成的类型。群植可以由单一树种组成，也可由数个树种组成。由于树群的树木数量多，特别是对较大的树群来说，树木之间的相互影响、相互作用会变得突出，因此在树群的配植和营造中要注意各种树木的生态习性，创造满足其生长的生态条件，在此基础上才能设计出理想的植物景观。从生态角度考虑，高大的乔木应分布在树群的中间，亚乔木和小乔木在外层，花灌木在更外围。要注意耐阴种类的选择和应用。从景观营造角度考虑，要注意树群林冠线起伏，林缘线要有变化，主次分明，高低错落，有立体空间层次，季相丰富。

群植所表现的是群体美，树群应布置在有足够距离的开散草地上，如靠近林缘的大草坪、宽广的林中空地、水中的小岛屿等。树群的规模不宜过大，在构图上要四面空旷，树群的组合方式最好采用郁闭式，树群内通常不允许游人进入。树群内植物的栽植距离要有疏密的变化，要构成不等边三角形，切忌成行、成排、成带地栽植。

六、林植

凡成片、成块大量栽植乔灌木，以构成林地和森林景观的称为林植。林植多用于大面积公园的安静区、风景游览区或休疗养区以及生态防护林区和休闲区等。根据树林的疏密度可分为密林和疏林。

（一）密林

郁闭度 0.7～1.0，阳光很少透入林下，因此土壤湿度比较大，其地被植物含水量高、组织柔软、脆弱、经不住踩踏，不便于游人做大量的活动，仅供散步、休息，给人以葱郁、茂密、林木森森的景观享受。密林根据树种的组成又可分为纯林和混交林。

（1）纯林。纯林由同一树种组成，如油松林、圆柏林、水杉林、毛竹林等，树种单一。纯林具有单纯、简洁之美，但一般缺少林冠线和季相的变化，为弥补这一缺陷，可以采用异龄树种来造景，同时可结合起伏的地形变化，使林冠线得以变化。林区外缘还可以配植同一树种的树群、树丛和孤植树，以增强林缘线的曲折变化。林下可种植一种或多种开花华丽的耐阴或半耐阴的草本花卉，或是低矮的开花繁茂的耐阴灌木。

（2）混交林。混交林由多种树种组成，是一个具有多层结构的植物群落。混交林季相变化丰富，充分体现质朴、壮阔的自然森林景观，而且抗病虫害能力强。供游人欣赏的林缘部分，其垂直成层构图要十分突出，但又不能全部塞满，以致影响游人欣赏。为了能使游人深入林地，密林内部有自然路通过，或留出林间隙地造成明暗对比的空间，设草坪座椅极有静趣，但沿路两旁的垂直郁闭度不宜太大，以减少压抑与恐慌，必要时还可以留出空旷的草坪，或利用林间溪流水体，种植水生花卉，也可以附设一些简单构筑物，以供游人短暂休息之用。密林种植，大面积的可采用片状混交，小面积的多采用点状混交，一般不用带状混交，要注意常绿与落叶、乔木与灌木林的配合比例，还有植物对生态因子的要求等。单纯密林和混交密林在艺术效果上各有其特点，前者简洁后者华丽，两者相互衬托，特点突出，因此不能偏废。从生物学的特性来看，混交密林比单纯密林好，园林中纯林不宜太多。

（二）疏林

郁闭度0.4~0.6，常与草地结合，故又称疏林草地。疏林草地是园林中应用比较多的一种形式，无论是鸟语花香的春天，浓荫蔽日的夏日，还是晴空万里的秋天，游人总喜欢在林间草地上休息、看书、野餐等，即便在白雪皑皑的严冬，疏林草地仍具风范。因此，疏林中的树种应具有较高的观赏价值，树冠宜开展，树荫要疏朗，生长要强健，花和叶的色彩要丰富，树枝线条要曲折多变，树干要有欣赏性，常绿树与落叶树的搭配要合适。树木的种植要三五成群，疏密相间，有断有续，错落有致，构图上生动活泼。林下草坪应含水量少，坚韧而耐践踏，游人可以在草坪上活动，且最好秋季不枯黄。疏林草地一般不修建园路，但如果是作为观赏用的嵌花疏林草地，应该有路可走。

七、篱植

由灌木或小乔木以近距离的株行距密植，栽成单行或双行的，其结构紧密的规则种植形式，称为绿篱。绿篱在城市绿地中起分隔空间、屏障视线、衬托景物和防范作用。

（一）篱植的类型

（1）按是否修剪划分，可分为整齐式（规则式）和自然式。
（2）按高度可以分为矮篱、中篱、高篱和绿墙。
矮篱：0.5m以下，主要作为花坛图案的边线，或道路旁、草坪边来限定游人的行为。矮篱给人以方向感，既可使游人视野开阔，又能形成花带、绿地或小径的构架。
中篱：0.5~1.2m，是公园中最常见的类型，用作场地界线和装饰。中篱能分离造园要素，但不会阻挡参观者的视线。
高篱：1.2~1.6m，主要用作界线和建筑的基础种植，能创造完全封闭的私密空间。

绿墙：1.6m 以上，用作阻挡视线、分隔空间或作为背景，如珊瑚树、圆柏、龙柏、垂叶榕、木槿、枸橘等。

（3）按特点可分为花篱、叶篱、果篱、彩叶篱和刺篱。

花篱：由六月雪、迎春、锦带花、珍珠梅、杜鹃花、金丝桃等观花灌木组成，是园林中比较精美的篱植类型，一般多用于重点绿化地段。

叶篱：大叶黄杨、黄杨、圆柏等为最常见的常绿观叶绿篱。

果篱：由紫珠、枸骨、火棘、枸杞、假连翘等观果灌木组成。

彩叶篱：由红桑、金叶榕、金叶女贞、金心黄杨、紫叶小檗等彩叶灌木组成。

刺篱：由枸橘、小檗、枸骨、黄刺玫、花椒、沙棘、刺五加等植物体具有刺的灌木组成。

篱植的材料宜用小枝萌芽力强、分枝密集、耐修剪、生长慢的树种。对于花篱和果篱，一般选叶小而密、花小而繁、果小而多的种类。

（二）篱植

篱植在园林中的作用除了可用来围合空间和防范外，在规则式园林中篱植还可作为绿地的分界线，装饰道路、花坛、草坪的边线，围合或装饰几何图案，形成别具特点的空间。篱植还是分隔、组织不同景区空间的一种有效手段，通常用高篱或绿墙形式来屏障视线、防风、隔绝噪声，减少景区间的相互干扰。高篱还可以作为喷泉、雕塑的背景。篱植的实用性还体现在屏障视线，遮挡土墙与墙基、路基等。

第三节　藤蔓植物种植形式

植物种植设计的重要功能是增加单位面积的绿量，而藤本不仅能提高城市及绿地拥挤空间的绿化面积和绿量，调节与改善生态环境，保护建筑墙面以及围土护坡等，而且藤本用于绿化极易形成独特的立体景观及雕塑景观，可供观赏，同时可起到分割空间的作用，其对于丰富与软化建筑物呆板生硬的立面，效果颇佳。

一、藤本的分类

（一）缠绕类

枝条能自行缠绕在其他支持物上生长发育，如紫藤、猕猴桃、金银花、三叶木通、素方花等。

（二）卷攀类

依靠卷须攀缘到其他物体上，如葡萄、扁担藤、炮仗花、乌头叶蛇葡萄等。

（三）吸附类

依靠气生根或吸盘的吸附作用而攀缘的植物种类，如地锦、美国地锦、常春藤、扶芳藤、络石、凌霄等。

（四）蔓生类

这类藤本没有特殊的攀缘器官，攀缘能力比较弱，需人工牵引而向上生长，如野蔷薇、木香、软枝灌木、叶子花、长春蔓等。

二、藤本在园林中的应用形式

（一）棚架式绿化

选择合适的材料和构件建造棚架，栽植藤本，以观花、观果为主要目的，兼具遮阴功能，这是园林中最常见、结构造型最丰富的藤本植物景观营造方式。应选择生长旺盛、枝叶茂密的植物材料，对体量较大的藤本，棚架要坚固结实。可用于棚架的藤本有葡萄、猕猴桃、紫藤、木香等。棚架式绿化多用于庭院、公园、机关、学校、幼儿园、医院等场所，既可观赏，又给人们提供了一个纳凉、休息的理想场所。

（二）绿廊式绿化

选用攀缘植物种植于廊的两侧，并设置相应的攀附物，使植物攀缘而上直至覆盖廊顶形成绿廊。也可在廊顶设置种植槽，使枝蔓向下垂挂形成绿帘。绿廊具有观赏和遮阴两种功能，在植物选择上应选用生长旺盛、分枝力强、枝叶稠密、遮阴效果好而且姿态优美、花色艳丽的种类，如紫藤、金银花、铁线莲、叶子花、炮仗花等。绿廊既可观赏，廊内又可形成私密空间，供人们游赏或休息。在绿廊植物的养护管理上，不要急于将藤蔓引至廊顶，注意避免造成侧方空虚，影响观赏效果。

（三）墙面绿化

把藤本通过牵引和固定使其爬上混凝土或砖制墙面，从而达到绿化美化的效果。城市中墙面的面积大，形式多样，可以充分利用藤本来加以绿化和装饰，以此打破墙面呆板的线条，柔化建筑物的外观。例如，地锦、凌霄、络石、常春藤、藤本月季等，为利于藤本植物的攀附，也可在墙面安装条状或网状支架，并进行人工缚扎和牵引。

墙面绿化应根据墙面的质地、材料、朝向、色彩、墙体高度等来选择植物材料。对于质地粗糙、材料强度高的混凝土墙面或砖墙，可选择枝叶粗大、有吸盘、气生根的植物，如地锦、常春藤等；对于墙面光滑的马赛克贴面，宜选择枝叶细小、吸附力强的络石；对于表层结构光滑、材料强度低且抗水性差的石灰粉刷墙面，可用藤本月季、凌霄等。墙面绿化还应考虑墙体的颜色，砖红色的墙面选择开白花、淡黄色的木香或观叶的常春藤。

(四)篱垣式绿化

篱垣式绿化主要用于篱笆、栏杆、铁丝网、矮墙等处的绿化,既具有围墙或屏障的功能,又有观赏和分割的作用。用藤本植物爬满篱垣栅栏形成绿墙、花墙、绿篱、绿栏等,不仅具有生态效益,使篱笆或栏杆显得自然和谐,而且使景观生机勃勃,色彩丰富。由于篱垣的高度一般较矮,对植物材料的攀缘能力要求不高,因此几乎所有的藤本都可用于此类绿化,但具体应用时应根据不同的篱垣类型选用不同的植物材料。

(五)立柱式绿化

城市的立柱包括电线杆、灯柱、廊柱、高架公路立柱、立交桥立柱等,对这些立柱进行绿化和装饰是垂直绿化的重要内容之一。另外,园林中的树干也可作为立柱进行绿化,而一些枯树绿化后可给人老树生花、枯木逢春的感觉,景观效果好。立柱的绿化可选用缠绕类和吸附类的藤本,如地锦、常春藤、三叶木通、南蛇藤、络石、金银花等;对枯树的绿化可选用紫藤、凌霄、西番莲等观赏价值较高的植物种类。[1]

(六)山石陡坡及裸露地面的绿化

用藤本植物攀附于假山、石头上,能使山石生辉,更富有自然情趣,常用的植物材料有地锦、扶芳藤、络石、常春藤、凌霄等。陡坡地段难以种植其他植物,若不进行绿化,一方面会影响城市景观,另一方面会造成水土流失。利用藤本的攀缘、匍匐生长习性,可以对陡坡进行绿化,形成绿色坡面,既有观赏价值,又能形成良好的固土护坡作用,防止水土流失。经常使用的藤本有络石、地锦、常春藤等。藤本还是地被绿化的好材料,一些木质化程度较低的种类都可以用作地被植物,覆盖裸露的地面,如常春藤、蔓长春花、地锦、络石、扶芳藤、金银花等。

第四节 花卉及地被种植形式

花卉种类繁多、色彩艳丽、婀娜多姿,可以布置于各种园林环境中,是缤纷的色彩及各种图案纹样的主要体现者。园林花卉除了大面积用于地被以及与乔灌木构成复层混交的植物群落,还常常作为主景,布置成花坛、花境等,极富装饰效果。

一、花坛的应用与设计

花坛的最初含义是在具有几何形轮廓的植床内种植各种不同色彩的花卉,用花卉的群体效果来体现精美的图案纹样,或观赏盛花时绚丽景观的一种花卉应用形式。

---

[1] 王离超. 园林种植设计在园林绿化中的运用[J], 中国农业信息, 2016 (9): 45+48.

花坛通常具有几何形的栽植床，属于规则式种植设计；主要表现的是花卉组成的平面图案纹样或华丽的色彩美，不表现花卉个体的形态美；且多以时令性花卉为主体材料，并随季节更换，保证最佳的景观效果。

（一）花坛的类型

1. 以表现主题不同分类

花丛式花坛：花丛式花坛主要表现和欣赏观花的草本植物花朵盛开时花卉本身群体的绚丽色彩，以及不同花色种或品种组合搭配所表现出的华丽的图案和优美的外貌。

模纹花坛：模纹花坛主要表现和欣赏由观叶或花叶兼美的植物所组成的精致复杂的平面图案纹样。

标题式花坛：用观花或观叶植物组成具有明确的主题思想的图案，按其表达的主题内容可以分为文字花坛、肖像花坛、象征性图案花坛等。

装饰物花坛：以观花、观叶或不同种类配植成具有一定实用目的的装饰物的花坛。

立体造型花坛：以枝叶细密的植物材料种植于具有一定结构的立体造型骨架上而形成的一种花卉立体装饰。

混合花坛：不同类型的花坛组合，如花丛花坛与模纹花坛结合、平面花坛与立体造型花坛结合以及花坛与水景、雕塑等的结合而形成的综合花坛景观。

2. 以布局方式分类

独立花坛：作为局部构图中的一个主体而存在的花坛，因此独立花坛是主景花坛。它可以是花丛式花坛、模纹式花坛、标题式花坛或者装饰物花坛。

花坛群：当多个花坛组合成为不可分割的构图整体时，称为花坛群。

连续花坛群：多个独立花坛或带状花坛，成直线排列成一列，组成一个有节奏规律的不可分割的构图整体时，称为连续花坛群。

（二）花坛植物材料的选择

1. 花丛式花坛的主体植物材料

花丛式花坛主要由观花的一两年生花卉和球根花卉组成，开花繁茂的多年生花卉也可以使用。要求株丛紧密、整齐；开花繁茂，花色鲜明艳丽，花序呈平面开展，开花时见花不见叶，花期长而一致。例如，一两年生花卉中的三色堇、雏菊、百日草、万寿菊、金盏菊、翠菊、金鱼草、紫罗兰、一串红、鸡冠花等，多年生花卉中的小菊类、荷兰菊等，球根花卉中的郁金香、风信子、水仙、大丽花的小花品种等，都可以用作花丛花坛的布置。

2. 模纹式花坛及造型花坛的主体植物材料

由于模纹花坛和立体造型花坛需要长时期维持图案纹样的清晰和稳定，因此宜选择生长缓慢的多年生植物（草本、木本均可），且以植株低矮、分枝密、发枝强、耐修剪、枝叶细小为宜，最好高度低于10cm。尤其是毛毡花坛，以观赏期较长的五色草类等观叶植物最为理想，花期长的四季秋海棠、凤仙类也是很好的选材，另外株型紧密低矮的雏菊、景天类植物、孔雀草、细叶百日草等也可选用。

（三）设计要点

1. 花坛的布置形式

花坛与周围环境之间存在协调和对比的关系，包括构图、色彩、质地的对比；花坛本身轴线与构图整体的轴线的统一，平面轮廓与场地轮廓相一致，风格和装饰纹样与周围建筑物的性质、风格、功能等相协调。花坛的面积也应与所处场地面积比例相协调，一般不大于三分之一，也不小于十五分之一。

2. 花坛的色彩设计

花坛的主要功能是装饰性，即平面几何图形的装饰性和绚丽色彩的装饰性。因此在设计花坛时，要充分考虑所选用植物的色彩与环境色彩的对比，花坛内各种花卉间色彩、面积的对比。一般花坛应有主调色彩，其他颜色则起勾画图案线条轮廓的作用，切忌没有主次，杂乱无章。

3. 花坛的造型、尺度要符合视觉原理

人的视线与身体垂直线形成的夹角不同时，视线范围变化很大，超过一定视角时，人观赏到的物体就会发生变形。因此在设计花坛时，应考虑人视线的范围，保证能清晰观赏到不变形的平面图案或纹样。例如，采用斜坡、台地或花坛中央隆起的形式设计花坛，使花坛具有更好的观赏效果。

4. 花坛的图案纹样设计

花坛的图案纹样应该主次分明、简洁美观。切忌在花坛中布置复杂的图案和等面积分布过多的色彩。模纹花坛纹样应该丰富和精致，但外形轮廓应简单。由五色草类组成的花坛纹样最细不可窄于5cm，其他花卉组成的纹样最细不少于10cm，常绿灌木组成的纹样最细在20cm以上，这样才能保证纹样清晰。当然，纹样的宽窄也与花坛本身的尺度有关，应以与花坛整体尺度协调且在适当的观赏距离内纹样清晰为标准。装饰纹样风格应该与周围的建筑或雕塑等风格一致。标志类的花坛可以各种标记、文字、徽志作为图案，但设计要严格符合比例，不可随意更改；纪念性花坛还可以人物肖像作为图案；装饰物花坛可以日晷、时钟、日历等内容为纹样，但需精致准确，常做成模纹花坛的形式。

二、花境的应用与设计

花境是园林中从规则式构图到自然式构图的一种过渡的半自然式的带状种植形式，以

体现植物个体所特有的自然美，以及它们之间自然组合的群落美为主题。花境种植床两边的边缘线是连续不断的平行直线或是有几何轨迹可循的曲线，是沿长轴方向演进的动态连续构图；其植床边缘可以有低矮的镶边植物；内部植物平面上是自然式的斑块混交，立面上则高低错落，既能展现植物个体的自然美，又能表现植物自然组合的群落美。

（一）花境的类型

1. 按设计形式分

单面观赏花境：为传统的种植形式，多临近道路设置，并常以建筑物、矮墙、树丛、绿篱等为背景，前面为低矮的边缘植物，整体上前低后高，仅供一面观赏。

双面观赏花境：多设置在道路、广场和草地的中央，植物种植总体上以中间高两侧低为原则，可供双面观赏。

对应式花境：在园路轴线的两侧、广场、草坪或建筑周围设置的呈左右二列式相对应的两个花境。在设计上统一考虑，作为一组景观，多用拟对称手法，力求富有韵律变化之美。

2. 依花境所用植物材料分

灌木花境：选用的材料以观花、观叶或观果且体量较小的灌木为主。

宿根花卉花境：花境全部由可露地过冬、适应性较强的宿根花卉组成。

混合式花境：以中小型灌木与宿根花卉为主构成的花境，为了延长观赏期，可适当增加球根花卉或一两年生的时令性花卉。

（二）花境植物材料的选择

花境所选用的植物材料通常以适应性强、耐寒、耐旱、当地自然条件下生长强健且栽培管理简单的多年生花卉为主，为了满足花境的观赏性，应选择开花期长或花叶皆美的种类，株高、株形、花序形态变化丰富，以便于有水平线条与竖直线条之差异，形成高低错落有致的景观。种类构成还需色彩丰富、质地有异、花期具有连续性和季相变化，从而使得整个花境的花卉在生长期次第开放，形成优美的群落景观。宿根花卉中的鸢尾、萱草、玉簪、景天等，均是布置花境的优良材料。[①]

（三）设计要点

（1）花境布置应考虑所在环境的特点：花境适于沿周边布置，在不同的场合有不同的设计形式，如在建筑物前，可以基础种植的形式布置花境，利用建筑作为背景，结合立体绿化，软化建筑生硬的线条，道路旁则可在道路一侧、两侧或中央设置花境，形成封闭式、半封闭式或开放式的道路景观。

（2）花境的色彩设计：花境的色彩主要由植物的花色来体现，同时植物的叶色，尤其是观叶植物叶色的运用也很重要。宿根花卉是色彩丰富的一类植物，是花境的主要材料，

---

① 刘祖兵. 现代园林种植设计研究 [J]. 现代园艺, 2013（24）: 83.

也可适当选用些球根及一两年生花卉，使得色彩更加丰富。在花境的色彩设计中可以巧妙地利用不同花色来创造空间或景观效果，如把冷色占优势的植物群放在花境后部，在视觉上有加大花境深度、增加宽度之感；在狭小的环境中用冷色调组成花境，有空间扩大感。在平面花色设计上，如有冷暖两色的两丛花，具相同的株形、质地及花序时，由于冷色有收缩感，若使这两丛花的面积或体积相当，则应适当扩大冷色花的种植面积。因花色可产生冷暖的心理感觉。花境的夏季景观应使用冷色调的蓝、紫色系花，以给人带来凉爽之意；而早春或秋天用暖色的红、橙色系花卉组成花境，可令人产生温暖之感。在安静休息区设置花境宜多用冷色调花；如果为加强环境的热烈气氛，可多使用暖色调的花卉。

花境色彩设计主要有四种基本配色方法：单色系设计、类似色设计、补色设计、多色设计。设计时根据花境大小选择色彩数量，避免在较小的花境上使用过多的色彩而产生杂乱感。

（3）花境的平面和立面设计：构成花境的最基本单位是自然式的花丛。每个花丛的大小，即组成花丛的特定种类的株数的多少，取决于花境中该花丛在平面上面积的大小和该种类单株的冠幅等。平面设计时，即以花丛为单位，进行自然斑块状的混植，每斑块为一个单种的花丛。通常一个设计单元（如20m）以5~10种以上的种类自然式混交组成。各花丛大小有变化，一般花后叶丛景观较差的植物面积宜小些。为使开花植物分布均匀，又不因种类过多造成杂乱，可把主花材植物分为数丛种在花境的不同位置。在花后叶丛景观差的植株前方配植其他花卉给予弥补。使用球根花卉或一两年生草花时，应注意该种植区的材料轮换，以保持较长的观赏期。对于过长的花境，可设计一个演进花境单元进行同式重复演进或两三个演进单元交替重复演进。但必须注意整个花境要有主调、配调和基调，做到多样统一。

花境的设计还应充分体现不同样型的花卉组合在一起形成的群落美。因此，立面设计应充分利用植物的株形、株高、花序及质地等观赏特性，创造出高低错落、丰富美观的立面景观。

三、花丛的应用与设计

花丛是指根据花卉植株高矮及冠幅大小之不同，将数目不等的植株组合成丛配植在阶旁、墙下、路旁、林下、草地、岩隙、水畔等处的自然式花卉种植形式。花丛重在表现植物开花时华丽的色彩或彩叶植物美丽的叶色。花丛既是自然式花卉配植的最基本单位，也是花卉应用最广泛的形式。

花丛可大可小，小者为丛，集丛成群，大小组合，聚散相宜，位置灵活，极富自然之趣。因此，最宜布置于自然式园林环境，也可点缀于建筑周围或广场一角，对过于生硬的线条和规整的人工环境起到软化和调和的作用。

（一）花丛花卉植物材料的选择

花丛的植物材料应以适应性强、栽培管理简单，且能露地越冬的宿根和球根花卉为主，既可观花，也可观叶或花叶兼备，如芍药、玉簪、萱草、鸢尾、百合、玉带草等。栽培管理简单的一两年生花卉或野生花卉也可以用作花丛。

（二）设计要点

花丛从平面轮廓到立面构图都是自然式的，边缘不用镶边植物，与周围草地、树木等没有明显的界线，常呈现一种错综自然的状态。

在园林中，根据环境尺度和周围景观，既可以单种植物构成大小不等、聚散有致的花丛，也可以两种或两种以上花卉组合成丛。但花丛内的花卉种类不能太多，要有主有次；各种花卉混合种植，不同种类要高矮有别、疏密有致、富有层次，达到既有变化又有统一。

花丛设计应避免两点：一是花丛大小相等、等距排列，显得单调；二是种类太多、配植无序，显得杂乱无章。

第四章　城市园林绿地的效益

城市园林绿地具有多种功能。过去人们主要从美化环境、文化休息的观点去理解和认识城市园林绿地的功能，而今随着科学技术的发展，人们可以从环境学、生态学、生物学、医学等学科研究的成果中更深刻地认识和评价园林绿地对城市生活的重要意义。

这些多种综合的功能包括园林绿地。作为巨大的城市生物群体，其大量的乔灌木及草本植物所产生的复杂的生物及物理作用，即生态的作用，以及园林绿地的地域空间，为城市居民创造了有利生产、适于生活、有益健康和安全的物质环境。园林绿地丰富多彩的自然景观，不仅美化了城市，而且巧妙地将城市环境与自然环境交织融合在一起，满足了人们对自然的接近和爱好、对园林艺术的审美要求等，在心理上、精神上给人以滋养、孕育、启发、激励，并产生有利于人类思想活动的各种作用。

第一节　城市园林绿化的属性

城市园林绿化是全社会的一项环境建设工程，它是社会生产力发展的需要，也是人们生存的需要。城市园林绿化不是单为一代人，而是有益后代，造福子孙，不是一家一户的生活环境美，而是要改善整个城市、乡村，甚至整个国土的生态环境。所以，它的效益价值不是单一的，而是综合的，具有多层次、多功能和多效益等特点。

城市园林绿化的材料是有生命的绿色植物，所以它具有自然属性；它又能满足人们的文化艺术享受，因此具有文化属性；它也具有社会再生产推动自然再生产、取得产出效益的经济属性。因此，城市园林绿化具有独特的属性，对其进行保护、开发并合理地利用，即会产生相应的社会效益、生态环境效益和经济效益这三大综合效益。

一、自然属性

城市绿化创造与维持绿色生态环境，保护着生命的绿色世界，产生生态环境效益。城市是人口高密区，它对绿色植物的需求，不仅仅给市民提供游憩空间、休闲场所、美化环境、创造景观等，更重要的是对改善城市环境、维持生态平衡的作用。从城市生态学角度看，城市园林绿化中一定量的绿色植物，既能维持和改善城市区域范围内的大气碳循环和氧平衡，又能调节城市的温度、湿度，净化空气、水体和土壤，还能促进城市通风、减少风害、降低噪声等。由此可见城市绿化的生态效益是多方位的综合体现。

二、文化属性

城市绿化能使人们得到一种绿色文化的艺术享受，带来很好的社会效益。随着城市绿地在城市用地中所占份额的不断增加，必然会成为影响城市风貌的决定性因素和城市的重要基础设施，成为吸引人才、技术乃至资金集结的重要因素。另外，城市园林作为一种人工生态系统，凝结着现时的、历史的各种自然、科学、精神价值。城市绿化的发展应与城市文明建设及社会发展同步进行。

总的来说，城市园林绿化不仅可以创造城市景观，提供休闲、保健场所，促进社会主义精神文明建设，还能防灾避难，具有明显的社会效益。

三、经济属性

城市绿化的过程，不断促进社会再生产，推动自然再生产，让社会持续取得经济效益。城市园林绿地及风景名胜区的绿化除了生态效益、环境效益和社会效益外，还有经济效益。讨论城市园林绿化经济效益，应该明确城市园林绿化属第三产业，有直接经济效益和间接经济效益。直接经济效益是指园林绿化产品、门票、服务的直接经济收入；间接经济效益是指园林绿化所形成的良性生态环境效益和社会效益。间接的经济效益是通过环境的资源潜力反映出来的，并且这个数量很大。经济效益又有宏观和微观之分；微观是指公园绿地中货币的投入和产出的比例；宏观是指综合园林的社会效益和生态环境效益。全面的经济效益包括绿地建设、内部管理、服务创收和生态价值，它是建设管理的出发点。

第二节　城市园林绿地的效益表现

一、社会效益

城市园林绿化不仅可以美化城市、陶冶情操，还能防灾避难，具有明显的社会效益。

（一）美化城市环境

在现代化城市快速建设中，随着大量混凝土森林的密集涌现与不断拔起，城镇的景观和特色风貌受到严峻的挑战。通过培育城市中各类园林绿地，充分利用自然地形地貌条件，为人为的城市环境引进自然的色彩和景观，使城市和绿化景观交织融合于一体，让城市绿色化、园林化，可使人们身居的城市仍得自然的孕育和绿的保护。国内外许多城市都具有良好的园林绿化环境，如北京、杭州、青岛、桂林、南京等均具有园林绿地与城市建筑群有机联系的特点。鸟瞰全城，郁郁葱葱，建筑处于绿色包围之中，山水绿地把城市与大自然紧密联系在一起。

在现代城市中，大量的硬质楼房形成了轮廓挺直的建筑群体，而园林绿化则为柔和的软质景观。若两者配合得当，便能丰富城市建筑群体的轮廓线，形成街景，成为美丽的城市景观。特别是城市的滨海和沿江的园林绿化带，能形成优美的城市轮廓骨架。城市中由于交通的需要，街道成网状分布，如在道路两侧形成优美的林荫道绿化带，既衬托了建筑，增加了艺术效果，也形成了园林街和绿色走廊。遮挡不利观瞻的建筑，使之形成绿色景观。因此生活在闹市中的居民在行走中便能观赏街景，得到适当的休息。例如，青岛市的海滨绿化，红瓦黄墙的建筑群高低错落地散布在山丘上，掩映在绿树中，再衬托蓝天白云和青山的轮廓，形成了山林海滨城市的独特景色；上海市的外滩滨江绿化带，衬托着高耸的房屋建筑，既美化了环境，又丰富了景观、增添了生机；杭州市的西湖风景园林，使杭州形成了风景旅游城市的特色；扬州市的瘦西湖风景区和运河绿化带，形成了内外两层绿色园林带，使扬州市具有风景园林城市的特色；日内瓦湖的风光，成为日内瓦景观的代表；塞纳河横贯巴黎，其沿河绿地丰富了巴黎城市面貌；澳大利亚的堪培拉，全市处于绿树花草丛中，成为美丽的花园城市。

城市道路广场的绿化对市容面貌影响很大，它的视线直观而显露。倘若街道绿化得好，人们虽置身于闹市之中，却犹如生活在传统的园林廊道里闲庭信步，避开了许多的干扰。

采取形式多样的城市绿化，可以成为各类建筑的衬托和装饰，通过形体、线条、色彩等效果的综合运用，绿化与建筑相辅相成，可以取得更好的景观艺术效果，使人赏心愉悦，获得美的享受。例如，北京的天坛依靠密植的古柏而衬托了祈年殿；肃穆壮观的毛主席纪念堂用常青的大片油松来烘托"永垂不朽"的气氛；苏州古典园林常用粉墙花影、芭蕉、南天竹、兰花等来表现它的幽雅清静。

园林绿化还可以遮挡有碍观瞻的不良视线，使城市面貌整洁、生动而活泼，并可利用园林植物的不同形态、色彩和风格来达到城市环境的统一性和多样性的景观效果。

城市的环境美可以激发人的思想、陶冶人的情操，提高人的生活情趣，使人对未来充满理想，优美的城市绿化是现代化城市不可缺少的一部分。

（二）文化宣传教育

城市园林绿地是一个城市的宣传窗口，是向人们进行文化宣传、科普教育的主要场所，经常开展多种形式的活动，可使人们在游憩中受到教育，增长知识，提高文化素养。

园林绿地中的文化教育内容十分广泛，其形式多种多样，历史文化事件、人文古迹等方面的展示使人们在游览中得到熏陶和教育。例如，在杭州西湖景区中岳王墓景点，人们感受到民族英雄岳飞的爱国主义精神，激发人们"精忠报国"的热情；画展、花展、影展、工艺品展对人们艺术修养的提高都有较好的作用；植物园、动物园、水族馆等，可使游人增长自然科学知识，了解和热爱大自然。此外，还有对古代和现代科技成果的展示，可激发人们热爱科学和勇于创新的民族精神，帮助人们克服愚昧、无知、迷信、落后的思想，对提高人们的文化科学水平有积极的作用。

随着信息时代的到来、科学技术的进步与发展，智慧城市建设之门已经开启，将利用先进的信息技术，实现城市智慧式管理和运行，为城市中的人们创造更美好、更便捷的生活，促进城市的和谐、可持续成长。因此，知识文化产业在城市产业中将占据越来越重要的地位，信息交换、科技交流、文化艺术已成为城市文化知识产业的主要活动领域。在城市开放空间系统中，园林绿地作为人类文化、文明在物质空间构成上的基本因子，它是反映现代文明、城市历史、传统和发展成就与特征的重要载体。

（三）社会交往、游憩休闲与健康疗养

社会交往是园林绿地的重要功能之一，公共开放性园林绿地空间是游人进行各种社会交往的理想场所。从心理学角度看，交往是指人们在共同活动过程中相互交流兴趣、情感意向和观念等。交往需要是人作为社会中一员的基本需求，也是社会生活的组成部分。每个人都有与他人交往的愿望。同时人们在交往中实现自我价值，在公众场合，人们希望引人注目，得到他人的重视与尊敬，这属于人的高一级精神需求。

城市园林绿地为人们的社会交往活动提供了不同类型的开放空间。在园林绿地中，大型空间为公共性交往提供了场所；小型空间是社会性交往的理想选择；私密性空间给最熟识的朋友、亲属、恋人等提供了良好氛围。

人类一切建设活动都是为了满足人类自身需要，而人的需要是不断变化的。随着闲暇时间的增多，人们更加迫切地需求更多能提供休闲、保健的户外活动场所。

城市园林绿地，特别是公园、小游园及其他附属绿地，为人们提供了闲暇时间的休闲、保健场所。观赏、游戏、散步都是不同年龄段所喜爱的。同时，园林绿地中还常设琴、棋、书、画、武术、划船、歌舞、电子游艺等活动项目，人们可自由选择自己喜爱的活动内容，在紧张工作之余得到放松。

近年来人们还喜欢离开自己的居住地，到居住地以外的园林绿地空间进行游赏、休闲、保健活动。这种新的生活方式被越来越多的人所接受。

进入21世纪，世界旅游事业迅猛发展，越来越多的人更希望投身于大自然的怀抱之中，弥补其长期生活在城市中所造成的"自然匮乏"，以此锻炼体魄，增长知识，消除疲劳，充实生活。由于经济和文化生活的不断提高、休假时间的增加，人们已不满足于在市区内园林绿地的活动，而希望离开城市，到郊外、到更远的风景名胜区甚至国外去旅游度假，领略特有的情趣。

我国幅员辽阔，风景资源丰富，历史悠久，文物古迹众多，园林艺术享有盛誉，加之社会主义建设日新月异，这些都是发展旅游事业的优越条件。近几年来，随着旅游度假活

动的开展，国内的游人大幅度增加，一些园林名胜地的开发，都成为旅游者向往之地，对旅游事业的发展起了积极的作用，获得了巨大的经济效益和社会效益。

从城市规划来看，主要利用城市郊区的森林、水域、风景优美的园林绿地来安排为居民服务的度假及休、疗养地，特别是休假活动基地，有时也与体育娱乐活动结合起来安排。

（四）防灾、避难、减灾

城市也会有天灾人祸所引起的破坏，如地震、台风、火灾、洪水、山体滑坡、泥石流等城市灾害。城市园林绿化具有防灾避难、蓄水保土、备战防空等功能和保护城市人民生命财产安全的作用。

城市园林绿地绿色植物的枝叶含有大量水分，一旦发生城市火灾，可以阻止火灾蔓延，隔离火花飞散，如珊瑚树，即使叶片全部烧焦，也不会发生火焰；银杏在夏天即使叶片全部燃烧，仍然会萌芽再生；厚皮香、山茶、海桐、白杨等都是很好的防火树种。因此，在城市规划中应该把绿化作为防止火灾延烧的隔断和居民避难所来考虑。我国有许多城市位于地震多发区域，因此应该把城市公园、体育场、广场、停车场、水体、街坊绿地等进行统一规划，合理布局，构成防灾避难的绿地空间系统，符合避难、疏散、搭棚的要求。

绿化植物能过滤、吸收和阻碍放射性物质，降低光辐射的传播和冲击波的杀伤力，阻碍弹片的飞散，并对重要建筑、军事设备、保密设施等起遮蔽的作用，其中密林更为有效。例如，第二次世界大战时，欧洲某些城市遭到轰炸，凡是树木浓密的地方所受损失要小许多，所以绿地也是备战防空和防放射性污染的一种技术措施。

为了备战，为保证城市供水，在城市中心应有一个供水充足的人工水库或蓄水池，平时作为游憩用，战时作为消防和消除放射性污染使用。在远郊地带也要修建必要的简易的食宿及水、电、路等设施，平时作为居民游览场所，战时可作为安置城市居民疏散的场所，这样就可以使游憩绿地在战时起到备战疏散及防空、防辐射的作用。

植物具有盘根错节的根系，长在山坡上能防止水土流失。自然降雨时，将有15%~40%水量被树冠截留或蒸发，有5%~10%的水分被地表蒸发，地表径流量仅占0%~1%，大部分的雨水（50%~80%的水量）被林地上一层厚而松的枯枝落叶吸收，逐渐渗入土中，成为地下径流。所以它能紧固土壤，固定沙土石砾，防止水土流失，防止山塌岸毁，保护自然景观。

二、环境效益

（一）调节温度

影响城市小气候最突出的有物体表面温度、气温和太阳辐射温度，而气温对于人体的影响是最主要的。其原因主要是太阳辐射的 60%~80% 被成荫的树木及覆盖了地面的植被所吸收，而其中 90% 的热能为植物的蒸腾作用所消耗，这样就大大削弱了由太阳辐射造成的地表散热，削弱了"温室效应"。此外，植物含水根系部吸热和蒸发、树叶摇拂飘动的机械驱热散热作用及树荫对人工覆盖层、建筑屋面、墙体热状况的改善，也都是降低气温的因素。

除了局部绿化所产生的不同气温、表面温度和辐射温度的差别外，大面积的绿地覆盖对气温的调节则更加明显（表 4-1）。

表 4-1　不同类型绿地降温作用比较

绿地类型	面积 /hm²	平均温度 /℃
大型公园	32.4	25.6
中型公园	19.5	25.9
小型公园	4.9	26.2
城市空旷地	—	27.2

城市园林绿地中的树木在夏季能为树下游人阻挡直射阳光，并通过它本身的蒸腾和光合作用消耗许多热量。据苏联有关研究，绿地较硬地平均辐射温度低 14.1℃。据莫斯科的观测统计，夏季市内柏油路面的温度为 30℃~40℃，而草地只有 22℃~24℃，公园里的气温较一般建筑院落低 1.3℃~3℃，较建筑组群间的气温低 10%~20%。无风天气，绿地凉爽，空气向附近较炎热地区流动而产生微风，风速约 1m/s。因此，如果城市里绿地分布均匀，就可以调节整个城市的气候。据测定，盛夏树林下气温比裸地低 3℃~5℃。绿色植物在夏季能吸收 60%~80% 日光能、90% 辐射能，使气温降低 3℃左右；园林绿地中地面温度比空旷地面低 10℃~17℃，比柏油路低 8℃~20℃，有垂直绿化的墙面温度比没有绿化的墙面温度低 5℃左右。

城市热岛效应是现代城市气候中的一个显著特征，其成因在于人类对原自然下垫面的人为改造。以砂石、混凝土、砖瓦、沥青为主的建筑所构成的城市，工厂林立，人口拥挤，交通繁忙，人为热的释放量大大增加，加上通风条件较差，热量扩散较慢，且城市热岛强度随城市规模的扩大而加强。以北京为例，北京是一个拥有千万以上人口的特大城市，人口和经济的发展使城市具有强大的人为热源，因而产生了明显的热岛效应。20 世纪 60 年代起，历年近百次的观测数据表明：北京城区夏季的平均气温比郊区高 3℃~4℃，中心区的城市热岛强度可高达 4℃~5℃。

规模较大、布局合理的城市园林绿地系统，可以在高温的建筑组群之间交错形成连续的低温地带，将集中型热岛缓解为多中心型热岛，起到良好的降温作用，使人感到舒适。北京大学等单位对城市热岛效应的观测结果表明：由于大面积园林绿地的影响，到 20 世纪 80 年代，北京的城市热岛已为多中心型，平均强度只有 2.1℃，比以往降低约 50%。

（二）调节湿度

空气湿度过高，易使人厌倦疲乏，过低则感干燥烦躁，一般认为最适宜的相对湿度为 30%~60%。

城市空气的湿度较郊区和农村为低。城市大部分面积被建筑和道路所覆盖，这样，大部分降雨成为径流流入排水系统，蒸发部分的比例很少，而农村地区的降雨大部分涵蓄于土地和植物中，通过地区蒸发和植物的蒸腾作用回到大气中。

城市绿地的绿化植物叶片蒸发表面大，能大量蒸发水分，一般占从根部吸进水分的 99.8%。特别在夏季，据北京园林局测算，$1hm^2$ 的阔叶林，在一个夏季能蒸腾 2500t 水，比同等面积的裸露土地蒸发量高 20 倍，相当于同等面积的水库蒸发量。又从试验得知，树木在生长过程中，要形成 1kg 的干物质，需要蒸腾 300~400kg 的水。每公顷油松林每日蒸腾量为 43.6~50.2t，加拿大白杨林每日蒸腾量为 57.2t。由于绿化植物叶面具有强大的蒸腾水分的作用，因此能使周围空气湿度增高。一般情况下，树林内空气湿度较空旷地高 7%~14%；森林的湿度比城市高 36%；公园的湿度比城市其他地区高 27%。即使在树木蒸发量较少的冬季，因为绿地里的风速较小，气流交换较弱，土壤和树木蒸发水分不易扩散，所以绿地的相对湿度也比非绿化区高 10%~20%。另外，行道树也能提高相对湿度 10%~20%。在潮湿的沼泽地也可以种植树木，通过树叶的蒸腾作用，能使沼泽地逐渐降低地下水位。因此，我们在城市里种植大片树林，便可以增加空气的湿度。它的调节作用不可小视，通常情况下，大片绿地调节湿度的范围，可以达到绿地周围相当于树高 10~20 倍的距离，甚至扩大到半径 500m 的邻近地区。

近年来，城市除了受到"热岛"的困扰，"干岛"问题也日益突出。杭州植物园经过两年观测研究，提出杭州的干岛效应明显存在，其中风景区和城郊的相对湿度显著地高于城区。城区公园比城区相对湿度要大 2% 左右。因此，发挥绿地调节湿度的作用对于解决该问题具有重要的作用。

（三）净化空气

随着工业的发展、人口的集中，城市环境污染的情况也日益严重。这些污染包括空气污染、土壤污染、水污染、噪声污染等，对人们的生活和健康造成了直接的危害，而且对自然生态环境所产生的破坏，导致了自然生态环境潜在的灾害危机，已经开始引起了人们的注意和重视。许多国家都制定了有关的法律，我国在 1989 年 12 月也颁布了《中华人民共和国环境保护法》。

要改善和保护城市环境，除了通过法制有效控制污染源，还需不断做好防治和处理。科学实践证明，森林和绿地具有多种防护功能和改善环境质量的机能，对污染环境具有稀释、自净、调节、转化的作用，特别是郊区森林绿地是一个生长周期长和结构稳定的生物群体，因此其作用也持续稳定。

1. 维持大气组成成分的平衡

城市环境空气中的碳氧平衡,是在绿地与城市之间不断调整制氧与耗氧关系的基础上实现的。氧是生命系统的必然物质,其平衡能力的大小,对城市地区社会经济发展的可持续性具有潜在影响。通常大气中二氧化碳占0.03%,氧气占21%,随着城市人口集中,工业生产的三废和噪声越来越多,相应氧气含量减少下降,二氧化碳增多,不仅影响环境质量,而且直接损害人的身心健康,如头痛、耳鸣、呕吐、血压增高等。据统计,地球上60%的氧是由森林绿地供给。绿地每天每公顷吸收900kg二氧化碳,放出600kg氧气。如果有足够的园林植物进行光合作用,吸收大量的二氧化碳,放出大量氧气,就会改善环境,促进城市生态良性循环,不仅可以维持空气中氧气和二氧化碳的平衡,而且会使环境得到多方面的改善。据实验,只要25m^{2}草坪或10m^{2}树木就能吸收一个人全天呼吸出的二氧化碳。

有关研究表明,此时城区及周围的各类绿色植物便会对当地的碳氧平衡起到有效的良性调节作用,从而改善城市环境中的空气质量。由于城市中的新鲜空气来自园林绿地,所以城市园林绿地被称为"城市的肺脏",也是碳氧平衡的维持者。

2. 吸收有害气体

污染空气的有害气体种类很多,最主要的有二氧化碳、二氧化硫、氯气、氟化氢、氨以及汞、铅蒸气等。这些有害气体虽然对园林植物生长不利,但是在一定浓度条件下,有许多植物种类对它们分别具有吸收能力和净化的作用。

在这些有害气体中,以二氧化硫的数量较多,分布较广,危害较大。当二氧化硫浓度超过6%时,人就感到不适,达到10%时人就无法持续工作,达到40%时,人就会死亡。由于在燃烧煤、石油的过程中都要排出二氧化硫,所以工业城市、以燃煤为主要热源的北方城市的上空,二氧化硫的含量通常都比较高。

人们对植物吸收二氧化硫的能力进行了许多的研究,发现空气中的二氧化硫主要是被各种物体表面所吸收,而植物叶面吸收二氧化硫的能力最强。硫是植物必需的元素之一,所以正常植物中都含有一定量的硫。只要在植物可忍受限度内,空气中的二氧化硫浓度越高,植物的吸收量也越大,其含硫量可为正常含量的5~10倍。树木的长叶与落叶过程,也是二氧化硫不断被吸收的过程。

研究表明,绿地上空的二氧化硫的浓度要低于未绿化地区。污染区树木叶片的含硫量高于清洁区许多倍。绿地可以阻留煤烟60%的二氧化硫。松林每天可从1m^{3}空气中吸收20mg二氧化硫。每公顷柳杉林每天能吸收60kg二氧化硫。此外,研究还表明,对二氧化硫抗性越强的植物,一般吸收二氧化硫的量也越多。阔叶树对二氧化硫的抗性一般比针叶树要强,叶片角质和蜡质层厚的树一般比角质和蜡质层薄的树要强。

根据上海园林局的测定,发现臭椿和夹竹桃不仅抗二氧化硫能力强,并且吸收二氧化硫的能力也很强。臭椿在二氧化硫污染情况下,叶片含硫量可达正常含硫量的29.8倍,夹竹桃可达8倍。其他如珊瑚树、紫薇、石榴、厚皮香、广玉兰、棕榈、胡颓子、银杏、桧柏、粗榧等也有较强的对二氧化硫的抵抗能力（表4-2）。

表4-2　几种针叶树和阔叶树树叶中的含硫量（占叶片含量百分数）

针叶树	含硫量	
	最高	最低
桧柏	0.860	0.056
白皮松	0.597	0.075
油松	0.487	0.022
侧柏	0.523	0.054
华山松	0.329	0.070
垂柳	3.156	1.586
加拿大白杨	2.149	0.252
臭椿	1.656	0.037
苹果树	1.255	0.058
榆树	1.215	0.066
刺槐	1.148	0.065
毛白杨	0.620	0.057
桃树	0.542	0.053

从另一些实验中，也证明不少园林植物对于氟化氢、氯以及汞、铅蒸气等有害气体也分别具有相应的吸收和抵抗能力。根据上海市园林局的测定，如女贞、泡桐、梧桐、刺槐、大叶黄杨等有较强的吸氟能力，其中女贞的吸氟能力尤为突出，比一般树木高100倍以上。构树、合欢、紫荆、木槿、杨树、紫藤、紫穗槐等都具有较强的抗氯和吸氯能力；喜树、梓树、接骨木等树种具有吸苯能力；银杏、柳杉、樟树、海桐、青冈栎、女贞、夹竹桃、刺槐、悬铃木、连翘等具有良好的吸臭氧能力；夹竹桃、棕榈、桑树等能在汞蒸气的环境下生长良好，不受危害；大叶黄杨、女贞、悬铃木、榆树、石榴等则能吸收铅等。

城市空气中有许多有毒物质（二氧化硫、氟化氢、氯气、一氧化氮），植物的叶片可以吸收或富集于体面而使其减少。因此，在散发有害气体的污染源附近，选择与其相应的具有吸收和抗性强的树种进行绿化，对于防治污染、净化空气是有益的。

二氧化硫：松（每天从1m³空气中吸收20kg二氧化硫）、柳杉（每天吸收60kg二氧化硫）、忍冬、臭椿、卫矛、榆、丁香、圆桃、银杏、云杉、松。绿色植物叶片含硫量可达（0.4%~3%）干重比。

氧气：银杏、忍冬、卫矛、丁香、银杏、合欢、紫荆、木槿。

氟气：泡桐、梧桐、大叶黄杨、女贞、垂柳。

3. 吸滞烟尘和粉尘

尘埃中除含有土壤微粒外，还含有细菌和其他金属性粉尘、矿物粉尘、植物性粉尘等，它们会影响人体健康。尘埃会使多雾地区雾情加重，降低空气透明度。粉尘是传染病菌的载体，还会随吸收进入体内，产生肺、肺炎等疾病。绿化好的上空大气含尘量通常比裸地或街道少 1/3~1/2。合理配植绿色植物，可以阻挡粉尘飞扬，净化空气。如刺槐能让粉尘减少 23%~52%，飘尘减少 37%~60%。乔木效果较草坪好，乔木叶面积是占地面积的 60~70 倍、草坪叶面积是占地面积的 20~30 倍（表 4-3）。

表 4-3　不同类型区域的树种滞尘状况

树种	区域	滞尘量 / ($g·m^{-2}$)
马尾松	森林区	0.3
朴树	城边缘区	0.7
杉木	森林区	0.9
茶树	森林区	1.1
国外松	近污区	2.0
麻栎	近污区	3.6

城市空气中含有大量尘埃、油烟、碳粒等。有些微颗粒虽小，但其在大气中的总质量却很惊人。据统计，每烧煤 1t，就产生 11kg 的煤粉尘，许多工业城市每年每平方千米降尘量平均 500t 左右，有的城市甚至高达 1000t 以上。这些烟灰和粉尘，一方面，降低了太阳的照明度和辐射强度，削弱了紫外线，对人体的健康不利；另一方面，人呼吸时，飘尘进入肺部，有的会附着于肺细胞上，容易诱发气管炎、支气管炎、尘肺、砂肺等疾病。我国有些城市飘尘大大超过了卫生标准。特别是近年来城市建设全面铺开，加大了粉尘污染的威胁，非常不利于人们的健康。

植物，特别是树木，对烟灰和粉尘有明显的阻挡、过滤和吸附的作用。一方面，由于枝冠茂密，具有强大的降低风速的作用，随着风速的降低，一些大粒尘下降；另一方面，则由于叶子表面不平，有茸毛，有的还分泌黏性的油脂或汁浆，空气中的尘埃经过树林时，便附着于叶面及枝干的下凹部分等。蒙尘的植物经雨水冲洗，又能恢复其吸尘的能力。

由于植物的叶面积远远大于它的树冠的占地面积，如森林叶面积的总和是其占地面积的六七十倍，生长茂盛的草皮也占二三十倍，因此其吸滞烟尘的能力很强。

据报道，某工矿区直径大于 $10\mu m$ 的粉尘降尘量为 $1.52g/m^2$，而附近公园里只有 $0.22g/m^2$，减少近 6 倍。而一般工业区空气中的飘尘（直径小于 $10\mu m$ 的粉尘）浓度，绿化区比未绿化的对照区少 10%~50%。绿地中的含尘量比街道少 1/3~2/3。铺草坪的足球场比未铺草坪的足球场，其上空含尘量减少 2/3~5/6。又如，对某水泥厂附近绿化植物吸滞粉尘效应进行的测定表明，有绿化林带阻挡的地段要比无树的空旷地带减少降尘量 23.4%~51.7%，减少飘尘量 37.1%~60.0%。

树木的滞尘能力与树冠高低、总的叶片面积、叶片大小、着生角度、面粗糙程度等条件有关，根据这些因素，选择刺楸、榆树、朴树、重阳木、刺槐、臭椿、悬铃木、女贞、泡桐等树种对防尘的效果较好。草地的茎叶物，其茎叶可以滞留大量灰尘，且根系与表土牢固结合，能有效地防止风吹尘扬造成的多次污染。

由此可见，在城市工业区与生活区之间营造卫生防护林，扩大绿地面积，种植树木，铺设草坪，是减轻尘埃污染的有效措施。

4.减少空气中的含菌量

由于园林绿地上有树木、草、花等植物覆盖，其上空的灰尘相应减少，因而也减少了黏附其上的病原菌。据调查，在城市各地区中，以公共场所（如火车站、百货商店、电影院等处）空气含菌量最高，街道次之，公园次后，城郊绿地最少，相差几倍至几十倍。空气含氧量除与人车密度密切相关外，绿化的情况也有影响。如人多、车多的街道，有浓密行道树与无街道绿化的街道，其含菌量就有一定差别。原因为细菌系依附于人体或附着于灰尘而进行传播，人多、车多的地方尘土也多，含菌量也就高；而有很好的绿化，就可以减少尘埃和含菌量。

另外，许多树木植物都能分泌杀菌素，杀死结核、霍乱、伤寒、白喉等病原菌，也是空气中减少含菌量的重要原因，如桉树、肉桂、柠檬、雪松、圆柏、女贞、广玉兰、木槿、垂柳、百里香、丁香、天竺葵等，已早为医药学所证实。松树林中的空气对呼吸系统有好处，分泌的物质可杀死寄生在呼吸系统里的能使肺部和支气管产生感染的各种微生物，因此被称为"松树维生素"。许多植物的一些芳香性挥发物质还可以使人精神愉快。城市绿化树种中有很多杀菌能力很强的树种，如柠檬桉、悬铃木、紫薇、桧柏、橙子树、白皮松、柳杉、雪松等，臭椿、楝树、马尾松、杉木、侧柏、樟树、枫香等也具有一定的杀菌能力（表4-4）。

各类林地和草地的减菌作用也有差别。松树林、柏树林及樟树林的减菌能力较强，这与它们的叶子能散发某些挥发性物质有关。草地上空的含菌量很低，是因为草坪上空尘埃较少，削弱了细菌的扩散。

表4-4 各类林地和草地的含菌量比较

类型	空气含菌量 / (cfu·m³)
黑松林	589
草地	688
日本花柏林	747
樟树林	1218
喜树林	1297
杂木林	1965

据法国测定，在百货商店每立方米空气含菌量高达400万个，林荫道为58万个，公园内为1000个，而林区只有55个。因此，森林、公园、草地等绿地的空气中含菌量减少的优势极为明显，具有重要的城市卫生疗养意义。为了创造人们居住的健康环境，应该拥有足够面积以及分布均匀的绿地。一些特殊的单位还应该注意选用具有杀菌效用的树种。

5.健康作用

①负离子的作用。绿色植物进行光合作用的同时，会产生具有生命活力的空气负离子

氧——空气维生素。负离子氧吸入人体后，增强神经系统功能，使大脑皮层抑制过程加强，起到镇静、催眠、降低血压的作用，对哮喘、慢性气管炎、神经性皮炎、神经性官能症、失眠、忧郁症等许多疾病有良好的治疗作用。

据有关部门测定，森林、园林绿地和公园都有较多的负离子含量，特别是一些尖锥形的树冠所具有的尖端放电功能，以及山泉、溪流、瀑布等地带的水分子裂解而产生负离子氧。这些地带往往具有数万个负离子，是一般地区负离子的上千倍。

②芳香草对人体的影响。芳香型植物的活性挥发物可以随着病人的吸气进入终末支气管，有利于对呼吸道病变的治疗，也有利于通过肺部吸收来增强药物的全身性效应。例如，辛夷对过敏性鼻炎有一定疗效；玫瑰花含0.03%的玫瑰油，对促进胆汁分泌有作用。玫瑰花香气具有清而不浊、和而不猛、柔目干胆、流气活血、宣通窒滞而绝无辛猛刚燥之弊，是气药中最有捷效又最为驯良者。

③绿色植物对人体神经的作用。根据医学测定，在绿地环境中，人的脉搏次数下降，呼吸平缓，皮肤温度降低，精神状态安详、轻松。绿色对人眼睛的刺激最小，能使眼睛疲劳减轻或消失。绿色在心理上给人以活力和希望、静谧和安宁、丰足和饱满的感觉。

因此，人们喜欢在园林绿地中进行锻炼，既可以吸收负离子氧又可使人增加活力，在松柏樟树的芳香之中锻炼也会收到较好的疗效。

据苏联学者于20世纪30年代研究的500种以上的植物证明，杨、圆柏、云杉、桦木、橡树等都能制造杀菌素，可以杀死结核、霍乱、赤痢、伤寒、白喉等病原菌。从空气的含菌来看，森林外的细菌含量为3万~4万个/m³，而森林内的仅300~400个/m³，1hm²圆柏林每昼夜能分泌30kg的杀菌素。桉树、梧桐、冷杉、毛白杨、臭椿、核桃、白蜡等都有很好的杀菌能力。据南京植物研究所测定，绿化差的公共场所的空气中含菌量比植物园高20多倍。松林、柏树、樟树的叶子能散发出某些挥发性物质，杀菌力强；而草坪上空尘埃少，可减少细菌扩散。中国林业科学研究院在北京的观测资料表明，公共场所（王府井、海淀区）空气的平均含菌量，约为公园的6.9倍，道路空气含菌量约为公园的5倍。王府井的空气含菌量是中山公园的7倍，海淀区的空气含菌量是海淀小型公园的18倍，香山公园停车场内空气含菌量是香山公园的2倍。可见绿化好坏对环境质量具有重要作用，所以把园林绿化植物称为城市的"净化器"。

（四）净化水体

城市和郊区的水体常受到工业废水和居民生活污水的污染，使水质变差，影响环境卫生和人民健康。对有些不是很严重的水体污染，绿化植物具有一定的净化污水的能力，即水体自净作用。

根据国外的研究，从无林山坡流下的水中溶解物质为16.9t/km²；而从有林山坡流下的水中溶解物质为6.4t/km²。地表径流通过30~40m宽的林带，能使其中的亚硝酸盐离子含量降低到原来的1/2~2/3。林木还可以减少水中含菌量。在通过30~40m宽的林带后，每升水中所含细菌的数量比不经过林带的减少 1/2，在通过 50m 宽 30 年生的杨、桦混交林后，细菌数量减少 90% 以上。地表径流从草原流向水库的每升水中，有大肠杆菌 920 个。以此为对照值，从榆树及金合欢林流向水库的每升水含菌数为 1/10，从松林中流出的每升水含菌数为 1/8，栎树、白蜡、金合欢混交林流出的水含菌数为 1/23。水生植物如水葱、田蓟、水生薄荷等能杀菌。实验表明，将这三种植物放在每毫升含 600 万细菌的污水中，两天后大肠杆菌消失。把芦苇、泽泻和小糠草放在同样的污水中，12 天后放芦苇、泽泻的仅有细菌 10 万个，放小糠草的尚有细菌 12 万个。当未经处理的河水经初步氯消毒再流经水葱植株丛后，大肠杆菌全部消灭。水葱还有吸收有毒物质、降低水体生化需氧量的作用，它本身的抗性也较强。芦苇能吸收酚，每平方米芦苇一年可积聚 6kg 的污染物，杀死水中大肠杆菌。种芦苇的水池比一般草水池中水的悬浮物减少 30%，氯化物减少 66%，总硬度降低 33%。水葱可吸收污水池中的有机化合物。水葫芦能从污水里吸取汞、银、金、铅等重金属物质，并能降低镉、酚、铬等有机化合物。凤眼莲也具有吸收水中的重金属和有机化合物的能力，如成都的活水公园和上海梦清园是利用水生植物处理的实例。

（五）净化土壤

对土壤的净化作用是指园林植物的根系能吸收、转化、降解和合成土壤中的有害物质，也称为生物净化。土壤中各种微生物对有机污染物具有分解作用，需氧微生物能将土壤中的各种有机污染物迅速分解，转化成二氧化碳、水、氨和硫酸盐、磷酸盐等；厌氧微生物在缺氧条件下，能把各种有机污染物分解成甲烷、二氧化碳和硫化氢等；在硫黄细菌的作用下，硫化氢可转化为硫酸盐；氨在亚硝酸细菌和硝酸细菌作用下转化为亚硝酸盐和硝酸盐。植物根系能分泌使土壤中大肠杆菌死亡的物质，并促进好气细菌增多几百倍甚至几千倍，还能吸收空气中的一氧化碳，故能促使土壤中的有机物迅速无机化，不仅净化了土壤，还提高了土壤肥力。利用市郊森林生态系统及湿地系统进行污水处理，不仅可以节省污水处理的费用，并且该森林地区的树木生长更好，湿地生物更加丰富，周围动物更加繁盛起来。因此，城市中一切裸露的土地，加以绿化后，不仅可以改善地上的环境卫生，而且也能改善地下的土壤卫生。

（六）通风、防风

绿地对气流的影响表现在两个方面，一方面，在静风时，绿地有利于促进城市空气的气流交换，产生微风并改善市区的空气卫生条件，特别是在夏季，通过带状绿化引导气流和季风，对城市通风降温效果明显；另一方面，在冬季及暴风袭击时，绿地中的林带则能降低风速，保护城市免受寒风和风沙之害。

城市中的道路、滨河等绿带是城市的通风渠道，规划时需注意季风方向、通风、防风。如在成都市的绿地系统规划中，"组团隔离、绿轴导风、五圈八片、蓝脉绿网"。如果绿带与该地区夏季主导风向一致，称为"引风林"，它可将该城市郊区的气流引入城市中心区，大大改善市区的通风条件。如果用常绿林带在冬季寒风方向种植防风林,可以大大减弱冬季寒风和风沙对市区的危害。由于城市集中了大量水泥建筑群和路面,夏季受太阳辐射增热很大,再加上城市人口密度大、工厂多,还有燃料的燃烧、人的呼吸,气温便会增高。如果城郊有大片森林,凉空气就会不断流向城市,调节气温,输入新鲜空气,改善通风条件。

(七)降低噪声

现代城市中的汽车、火车、船舶和飞机所产生的噪声,工业生产、工程建设过程中的噪声,以及社会活动和日常生活中带来的噪声,日趋严重。城市居民每时每刻都会受到这些噪声的干扰和袭击,对身体健康危害很大。当强度超过70dB(A)时,就会使人产生头昏、头痛、神经衰弱、消化不良、高血压等病症。为此,人们采用多种方法来降低或隔绝噪声,应用造林绿化来降低噪声的危害。

随着频率增高,树木的隔声能力逐渐降低。从树种来看,叶面越大,树冠越密,吸音能力越显著。就植物配植看,树丛的减噪能力达22%,自然式种植的树群,较行列式的树群减噪效果好,矮树冠较高树冠减噪效果好,灌木的减噪能力最好。

进一步的研究表明,阔叶乔木树冠,约能吸收到达树叶上噪声声能的26%,其余74%被反射和扩散,如雪松、桧柏、龙柏、水杉、悬铃木、梧桐、垂柳、樟树、榕树、珊瑚树、女贞、桂花等树木。没有树木的高层建筑街道,要比有树木的人行道噪声高5倍。这是因声波从车行道至建筑墙面,再由墙面反射而加倍的缘故。行道树在夏季叶片茂密时,可降低噪声7~9dB(A),秋冬季可降低3~4dB(A)。

(八)涵养地下水源

树木下的枯枝落叶可吸收1~2.5kg的水分,腐殖质能吸收比本身含量大25倍的水,$1m^2$面积每小时能渗入土壤中的水分约50kg。$1hm^2$林木,每年可蒸发4500~7500t水,一片5万亩的林地相当于100万m^3的小型水库。在绿地的降水有10%~23%可能被树冠截留,然后蒸发至空中,10%~80%渗入地下,变成地下径流,这种水经过土壤、岩层的不断过滤,流向下坡或泉池溪涧,就成为许多山林名胜,如黄山、庐山、雁荡山瀑布直泻、水源长流以及杭州虎跑、无锡二泉等泉池涓涓、经年不竭的原因之一。

(九)保护生态环境

1. 保护生物多样性

由于植物的多样性的存在,才有了多种生物微生物及昆虫类的繁殖,而生物的多样性是生态可持续发展的基础,园林植物具有多种类植物的种植,对保护生态环境起到积极的作用。

2. 防止水土流失

蓄水保土对保护自然景观,建设水库,防止山塌岸毁、水道淤浅,以及泥石流等都有着极大的意义。园林绿地对水土保持有显著的功能。树叶防止暴雨直接冲击和剥蚀土壤,草地覆盖地表有效地阻挡了流水冲刷,植物的根系还能紧固土壤,所以植物根系可以固沙固土稳石,有效防止水土流失。

三、经济效益

讨论城市园林绿化经济效益,首先应该明确城市园林绿化具有的第三产业属性,有直接经济效益和间接经济效益。直接经济效益是指园林绿化产品、门票、服务的直接经济收入;间接经济效益是指园林绿化所形成的良性生态环境效益和社会效益。全面的经济效益包括绿地建设、内部管理、服务创收和生态价值,它是建设管理的出发点。

(一)直接经济效益

1. 物质经济收入

早期的园林曾出现过菜园、果园、药草园等生产性的园圃,但随着社会的发展,这些都有了专门性的生产园地,不再属于城市园林的范畴。但在城市园林绿地发挥其环保效益、文化效益以及美化环境的条件下也可以结合生产,增加经济收益。例如,结合观赏种植一些有经济价值的植物,如果树、香料植物、油料植物、药用植物、花卉植物等,也可以制作一些盆景、盆花,培养金鱼,笼养鸟禽,等等,既可出售又可丰富人们的闲暇生活。

2. 旅游观赏收入

该项收入不是以商品交换的形式来体现,而是通过资源利用获得。随着旅游事业的发展,我国的风景旅游资源成为国内外游客的向往和需求。

(二)间接经济效益

园林绿地的经济功能除了可以以货币作为商品的价值来表现外,有些无法直接以货币来衡量,我们可以通过间接的收益方式来加以体现。

例如,一株正常生长50年的树木折算出的经济价值:放出氧气价值3.12万美元,防止大气污染价值6.25万美元,防止土壤侵蚀、增加土壤肥力3.12万美元,涵养水源、促进水分子再循环3.75万美元,为鸟、昆虫提供栖息环境3.12万美元。

这株树木的初级利用价值是300美元,而环境价值(高级利用)达20万美元,这是它综合发挥功能所产生的效果。我们根据树木在生态方面的改善气候、制造氧气、吸收有害气体和水土保持所产生的效益,以及提供人们休息锻炼、社会交往、观赏自然的场所而带来的综合环境效益所估算出来它可产生的经济效益。

综上可见,园林绿地的价值远远超出其本身的价值,结合其生态环境效益来计算,园林绿地的效益是综合的、广泛的、长期的、人所共享的和无可替代的,并且随着时间的推移而不断积累和增加。

城市园林绿地系统是整个自然生态系统的一个重要组成部分,在整个城市中,它的效益是发挥和营造良性的生态环境,向人们不断地提供生产、工作、生活、学习环境需要的使用价值。由于园林绿地系统渗透各行各业、各个生产生活和工作领域，优美的环境能促进经济的发展，促进人民的健康，为改革开放服务，为人们的生产、生活、学习服务，为整个社会发展服务，具有全社会的广泛的价值。我国古代哲学中所提倡的"天人合一"的全局意识和整体观点，也反映了生态思想的特点。

现代科学已经反复证明，人类自然生存的命运，说到底还是要由地球表层的进化状况所决定。在人类文明的初期，人和动物一样生活在基本没多大改变的自然生态系统之中，人与自然的关系表现为同质的和谐，处于极低水平的原始有机统一体之中。到了工业发达、科技昌盛的近现代，人类全面掠夺和征服大自然，使人与自然的关系发生了严重冲突，开始导致生态危机并影响人类自身的生存。所以，努力贯彻体现人与自然共生原则的可持续发展战略，是人类重构与生态系统和谐关系的唯一正确途径。

第五章 城市绿地系统规划

城市绿地系统是城市生态系统的子系统，是由城市不同类型、性质和规模的各种绿地共同构成的一个稳定持久的城市绿色环境体系，是由一定量与质的各种类型和规模的绿化用地相互联系、相互作用组成的绿色有机整体。城市绿地系统包括城市中所有园林植物种植地块和用地。城市绿地系统规划具有系统性、整体性、连续性、动态稳定性、多功能性、地域性的特征。

城市园林绿地系统是以绿色植被为特征，要求环境优美、空气清新、阳光充沛、人与自然和谐相处的人工自然环境，是城市居民进行室外游憩、交往和交通集散的城市空间系统，是由一定数量和质量的各类绿地组成的绿色有机整体。城市园林绿地的特殊功能包括改善城市环境，抵御自然灾害，为市民提供生活、生产、工作和学习、活动的良好环境，具有突出的生态效益、社会效益、经济效益。

城市园林绿地系统规划是城市总体规划的专业规划，是对城市总体规划的深化和细化。它由城市规划行政主管部门和城市园林行政主管部门共同负责编制，并纳入城市总体规划。城市园林绿地系统规划是对各种城市园林绿地进行定性、定量、定位的次序安排，形成结构合理的绿色空间系统，以实现绿地所具有的生态保护、游憩休闲和社会文化等功能的活动。

城市绿地规划的总方针是为民众服务，为生产服务，要从实际出发，因地制宜，合理布局，既要符合国家、省、市规定的绿地指标，又要创造出具有各市特色的绿地系统。

城市是由许多系统组成的一个综合性的社会系统，而城市园林绿地系统正是城市建设不可缺少的重要环节。具有特定功能的绿色系统规划是城市总体规划中的一个组成部分，与城市工业、交通、商业等系统的规划同等重要，必须同步进行。

城市园林绿地系统规划，主要包括城市园林绿地系统规划的目的与任务、规划的原则、绿地类型与用地选择、城市园林绿地定额指标、城市园林绿地布局的形式和手法、城市园林绿地系统规划的程序、城市园林绿化树种规划。

第一节 规划目的、任务与原则

一、规划的目的

城市园林绿地系统规划的最终目的是创造优美自然、清洁卫生、安全舒适、科学文明的现代城市的最佳环境系统。

城市园林绿地系统规划的具体目的是保护与改善城市的自然环境，调节城市小气候，保持城市生态平衡，增加城市景观与增强审美功能，为城市提供生产、生活、娱乐、健康所需的物质与精神方面的优越条件。

现代工业、商业、科学技术的发展，社会结构不断更新，城市规模不断扩大，人口日趋集中，自然环境质量逐渐下降，给城市生活造成了很大压力与威胁。面对这样的现状及发展趋势，解决城市发展与自然环境恶化的尖锐矛盾，是城市总体规划的一个新课题。城市园林绿地系统规划以此为目的，承担起了具有战略意义和深远影响的历史重任。

二、规划的任务

（一）总任务

城市园林绿地系统规划的目的决定了其规划任务，城市园林绿地系统规划的任务是规划出切实可行的适合现代城市发展的最佳绿地系统。

（二）具体任务

①根据城市的自然条件、社会经济条件、城市性质、发展目标、用地布局等要求，确定城市绿化建设的发展目标和规划指标。②研究城市地区和乡村地区的相互关系，结合城市自然地貌，统筹安排市域大环境的绿化空间布局。③确定城市绿地系统的规划结构，合理确定各类城市绿地的总体关系。④统筹安排各类城市绿地，分别确定其位置、性质、范围和发展指标。⑤城市绿化树种规划。⑥城市生物多样性保护与建设的目标、任务和保护建设的措施。⑦城市古树名木的保护与现状的统筹安排。⑧制订分期建设规划，确定近期规划的具体项目和重点项目，提出建设规模和投资估算。⑨从政策、法规、行政、技术、经济等方面，提出城市绿地系统规划的实施措施。⑩编制城市绿地系统规划的图纸和文件。

三、规划的原则

城市园林绿地系统规划应置于城市总体规划之中，按照国家和地方有关城市园林绿化的法规，贯彻为生产服务、为生活服务的总方针。

（一）从实际出发，综合规划

无论总体规划还是局部规划，都要从实际出发，紧密结合当地自然条件，以原有树林、绿地为基础，充分利用山丘、坡地、水旁、沟谷等处，尽可能少占良田，节约人力、物力；并与城市总规划的城市规模、性质、人口、工业、公共建筑、居住区、道路、水系、农副业生产、地上地下设施等密切配合，统筹安排，做出内外协调、统筹兼顾、全面合理的绿地规划。

（二）远近结合，创造特色

根据城市的经济能力、施工条件、项目的轻重缓急，制定长远目标，做出近期安排，使规划能逐步得到实施。例如，一些老城市，人口集中稠密，绿地少，可在拆除建筑物的基础上，酌情划出部分面积，作为城市绿地；也可将城郊某些生产用地，逐步转化为城市公共绿地。一般城市应先普及绿化，扩大绿色覆盖面，再逐步提高绿化质量与艺术水平，向花园式城市发展。

（三）功能多样，力求高效

城市园林绿地，应该密切结合环保、防灾、娱乐、休闲与审美、体育、文教等多种功能进行综合规划与设计，使其形成相互联系的有机整体。各种绿地的布置应均衡、协调地分布于城区，满足人们活动所需的合理、方便的服务半径。大小公园、绿地、林荫道、小游园的布局都要满足市民游乐、休息等多种需要。合理布置与规划噪声源外围的绿化隔离带，交通、厂区与居住区间的防护林带。地处地震带上的城市须遵照相关应急避难场所规程布置林荫道和避难绿地场所，合理配置防灾植物，满足较宽的绿化场地，以利防震、隔火、疏散与避难。干道、滨河、水渠、铁路边、山丘、河湖等处的树木、草坪，要使城区、郊区、住宅区、厂矿区、农田、菜地既有明显分割，又能连成完整的绿地体系，以充分发挥最佳生态效益、经济效益及社会效益。

四、城市绿地系统规划的层次

城市绿地系统专业规划是城市总体规划阶段的多个专业规划之一，是城市总体规划的必要组成部分，该阶段的规划主要涉及城市绿地在总体规划层次上的统筹安排。

城市绿地系统专项规划也称"单独编制的专业规划"。该规划不仅涉及城市总体规划层面，还涉及详细规划层面的绿地统筹和市域层面的绿地安排。城市绿地系统专项规划是对城市各类绿地及其物种在类型、规模、空间、时间等方面所进行的系统化配置及相关安排。

第二节 园林绿地类型与用地选择

一、园林绿地类型及特征

（一）公园绿地

城市公园绿地是城市中向公众开放的、以游憩为主要功能、有一定的游憩设施和服务设施，同时兼有健全生态、美化景观、防灾减灾等综合作用的绿化用地。它是城市建设用地、城市绿地系统和城市市政公用设施的重要组成部分，是表示城市整体环境水平和居民生活质量的一项重要指标。根据各种公园绿地的主要功能、内容、形式与主要服务对象的不同，又分为综合公园、社区公园、专类公园、带状公园和街旁绿地五类公园绿地。

1. 综合公园

综合公园是指绿地面积较大、内容丰富、设施齐全，适于公众开展各类户外活动的规模较大的绿地。根据其服务半径的不同又分为全市性公园和区域性公园，包括市、区、居住区级公园。综合公园一般服务项目较多，属于市一级管理。例如，北京的陶然亭公园、上海长风公园、广州越秀公园等都属于综合性公园。

2. 社区公园

社区公园是指为一定居住用地范围内的居民服务，具有一定活动内容和设施的集中绿地。它不包括居住组团绿地。根据服务半径的不同，又分为居住区公园和小区游园。它们都是为一个居住区的居民提供服务，具有一定活动内容和设施，为居住区配套建设的集中绿地。居住区公园服务半径一般为 0.5~1.0 km；小区游园服务半径一般为 0.3~0.5 km。

3. 专类公园

具有特定内容或形式，满足不同人群的需要，有一定游憩设施的绿地，除了综合性城市公园外，有条件的城市一般还设有多个专类公园，包括儿童公园、动物园、植物园、历史名园、风景名胜公园、游乐公园、雕塑公园、盆景园、体育公园、纪念性公园等。

4. 带状公园

带状公园是指沿城市道路、城墙、水滨等，有一定游憩设施的狭长形绿地。它常常结合城市道路、水系、城墙而建设，是绿地系统中颇具特色的构成要素，承担着城市生态廊道的职能。带状公园的宽度受用地条件的影响，一般呈狭长形，以绿化为主，辅以简单的设施。

5. 街旁绿地

街旁绿地是指位于城市道路用地之外，相对独立成片的绿地，它包括街道广场绿地、小型沿街绿化用地等。街旁绿地是散布于城市中的中小型开放式绿地，虽然有的街旁绿地面积较小，但具备游憩和美化城市景观的功能，是城市中量大面广的一种公园绿地类型。

（二）生产绿地

生产绿地是指为城市绿化提供苗木、花草、种子的苗圃、花圃、草圃等圃地。作为城市绿化的生产基地及科研实验基地，常位于郊区土壤、水源较好，交通方便的地段。生产绿地一般占地面积较大，受土地市场影响，现在易被置换到郊区。城市生产绿地规划总面积应占城市建成区面积的2%以上；苗木自给率满足城市各项绿化美化工程所用苗木的80%以上。

（三）防护绿地

防护绿地是指城市中具有卫生、隔离和安全防护功能的绿地，主要功能是改善城市自然条件、卫生条件、通风、防风和防沙等，包括城市卫生隔离带、道路防护绿地、城市高压走廊绿带、防风林带、城市组团隔离带等。

防护绿地是为了满足城市对卫生、隔离、安全的要求而设置的，其功能是对自然灾害和城市公害起到一定的防护或减弱作用，不宜兼作公园绿地使用。

1. 城市卫生隔离带

卫生隔离带用于阻隔有害气体、气味、噪声等不良因素对其他城市用地的骚扰，通常介于工厂、污水处理厂、垃圾处理站、殡葬场地等与居住区之间。

2. 道路防护绿地

道路防护绿地是以道路防风沙、防水土流失为主，以农田防护为辅的防护体系，是构筑城市网络化生态绿地空间的重要框架，同时改善道路两侧景观。

3. 城市高压走廊绿带

城市高压走廊一般与城市道路、河流、对外交通防护绿地平行布置，形成相对集中，而且对城市用地和景观干扰较小的高压走廊，一般不斜穿、横穿地块。高压走廊绿带是结合城市高压走廊线的规划，根据两侧情况设置一定宽度的防护绿地，以减少高压线对城市安全、景观等方面的不利影响。

4. 防风林带

防风林带主要用于保护城市免受风沙侵袭，或者免受 6 m/s 以上的经常性强风、台风的袭击。城市防风林带一般与主导风向垂直布置。

5. 城市组团隔离带

城市组团隔离带是在城市建成区内，以自然地理条件为基础，在生态敏感区域规划建设的绿化带。

（四）附属绿地

附属绿地是指包含在城市建设用地中的绿地，包括居住用地、公共设施用地、工业用地绿地、仓储用地绿地、对外交通绿地、道路绿地（道路红线内的行道树、分车绿带、交通岛、停车场、交通广场绿地）、市政设施绿地和特殊用地绿地。

1. 居住绿地

居住区内的绿地，属居住用地的一部分。除去居住建筑用地、居住区内道路广场用地、中小学幼托建筑用地、商业服务公共建筑用地外，它具体包括居住小游园、组团绿地、宅旁绿地、居住区道路绿化、配套公建绿地。居住绿地在城市绿地中占有较大比重，与城市生活密切相关，是居民日常使用频率最高的绿地类型。居住绿地不能单独参加城市建设用地平衡。

2. 公共设施绿地

公共设施绿地指公共设施用地范围内的绿地，如行政办公、商业金融、文化娱乐、体育卫生、科研教育等用地内的绿地。

3. 工业用地绿地

工业绿地是指工业用地内的绿地。工业用地在城市中占有十分重要的地位，一般城市占到20%~30%，工业城市还会更多。工业绿化与城市绿化有共同之处，同时还有很多固有的特点。由于工业生产类型众多、生产工艺不一致，不同的要求给工厂的绿化提出了不同的限制条件。

4. 仓储用地绿地

仓储用地绿地即城市仓储用地内的绿地。

5. 对外交通绿地

对外交通绿地涉及飞机场、火车站场、汽车站场和码头用地。它是城市的门户，汽车流、物流和人流的集散中心。对外交通绿地除了城市景观和生态功能外，应重点考虑多种流线的分割与疏导、停车遮阴、人流集散等候、机场驱鸟等特殊要求。

6. 道路绿地

道路绿地指城市道路广场用地内的绿化用地，包括道路绿带（行道树绿带、分车绿带、路侧绿带）、交通岛绿地（中心岛绿地、导向岛绿地、立体交叉绿岛）、停车场或广场绿地、铁路和高速公路在城市部分的绿化隔离带等。道路绿地不包括居住区级道路以下的道路绿地。

7. 市政设施绿地

市政设施绿地包括供应设施、交通设施、邮电通信设施、环境卫生设施、施工与维修设施、殡葬设施等用地内部的绿地。

8. 特殊用地绿地

特殊用地绿地包括军事用地、外事用地、保安用地范围内的绿地。

（五）其他绿地

其他绿地是指对城市生态环境质量、居民休闲生活、城市景观和生物多样性保护有直接影响的绿地，包括风景名胜区、水源保护区，以及有些城市中新出现的郊野公园、森林公园、自然保护区、风景林地、城市绿化隔离带、野生动植物园、湿地、垃圾填埋场恢复绿地等。

其他绿地位于城市建设用地以外，生态、景观、旅游和娱乐条件较好或亟须改善的区域，一般是植被覆盖较好、山水地貌较好或应当改造好的区域。这类区域对城市居民休闲生活的影响较大，它不但可以为本地居民的休闲生活服务，还可以为外地和外国游人提供旅游观光服务，有时其中的优秀景观甚至可以成为城中的景观标志。其主要功能偏重生态环境保护、景观培育、建设控制、减灾防灾、观光旅游、郊游探险、自然和文化遗产保护等，如风景名胜区、水源保护区、郊野公园、森林公园、自然保护区、风景林地、城市绿化隔离带、野生动植物园、湿地、垃圾填埋场恢复绿地等。

二、园林绿地用地选择

城市公共绿地、防护绿地、生产绿地的用地选择与地形、地貌、用地现状和功能关系较大，必须认真选择。街道、广场、滨河、工厂区、居住区、公共建筑地段上的绿地都是按照属性确定的用地范围，一般无须选择。

（一）城市公园绿地用地选择

1. 城市综合公园

综合公园在城市中的位置，应在城市绿地系统规划中确定。在城市规划设计时，应结合河湖系统、道路系统及生活居住用地的规划综合考虑。在进行综合公园选址时应考虑以下方面：

①综合公园的服务半径应能让生活居住用地内的居民方便地使用，并与城市主要道路有密切的联系。

②利用不宜于工程建设及农业生产的复杂破碎的地形、起伏变化较大的坡地。充分利用地形，避免大动土方，既节约了城市用地和建园的投资，又有利于丰富园景。

③可选择在具有水面及河湖沿岸景色优美的地段，充分发挥水面的作用，有利于改善

城市小气候，增加公园景色，开展各项水上活动，还有利于地面排水。

④可选择在现有树木较多和有古树的地段，在森林、丛林、花圃等原有种植的基础上加以改造，建设公园，投资省、见效快。

⑤可选择在原有绿地的地方。将现有的公园建筑、名胜古迹、革命遗址、纪念人物事迹和历史传说的地方，加以扩充和改建，补充活动内容和设施。在这类地段建园，可丰富公园内容，有利于保存文化遗产，起到爱国主义及民族传统文化教育的作用。

⑥公园用地应考虑将来有发展的余地。随着国民经济的发展和人民生活水平的不断提高，对综合公园的要求会增加，故应保留适当发展的备用地。

2. 城区公园绿地

①应选用各种现有公园、苗圃等绿地或现有林地、树丛等加以扩建、充实、提高或改造，增加必要的服务设施，不断提高园林艺术水平，适应人民群众的需要。

②要充分选择河、湖所在地，利用河流两岸、湖泊的外围创造带状、环状的公园绿地。充分利用地下水位高、地形起伏大等不适宜建筑而适宜绿化的地段，创造丰富多彩的园林景色。

③选择名胜古迹、革命遗址，配植绿化树木，既能显出城市绿化特色，又能起到教育广大群众的作用。

④结合旧城改造，在旧城建筑密度过高地段，有计划地拆除部分劣质建筑，规划、建设为公共绿地、花园，以改善环境。

⑤要充分利用街头小块地，"见缝插绿"开辟多种小型公园，方便居民就近休息赏景。

3. 儿童公园

儿童公园的活动内容和场地的规划设计，要适合儿童的特点，方便儿童使用；要满足不同年龄的儿童活动需要。可根据不同年龄特点，分别设立学龄前儿童活动区、学龄儿童活动区和少年儿童活动区等。

综合性儿童公园一般应选择在风景优美的地区，面积可达 5 hm² 左右。公园活动内容和设备可有游戏场、沙坑、戏水池、球场、大型电动游戏器械、阅览室、科技站、少年宫、小卖部，供休息的亭、廊等。小型儿童乐园作用与儿童公园相似，但一般设施简易、数量较少，占地也较少，通常设在城市综合性公园内。

4. 动物园

动物园具有科普、教育娱乐功能，同时也是研究我国以及世界各种类型动物生态习性的基地、重要的物种保护基地。动物园在大城市中一般独立设置，中小城市常附设在综合性公园中。动物园的用地选择应尽量远离有噪声、大气污染、水污染的地区，远离居住用地和公共设施用地，便于为不同生态环境（森林、草原、沙漠、淡水、海水等）、不同地带（热带、寒带、温带）的动物生存创造适宜条件，与周围用地应保持必要的防护距离。

5. 植物园

植物园一般远离居住区，但要尽可能地设在交通方便、地形多变、土壤水文条件适宜、无城市污染的下风下游地区，以利于各种生态习性的植物生长。

植物园的选址对于植物园的规划、建设将起到决定性的作用。

侧重于科学研究的植物园，一般从属于科研单位，服务对象是科学工作者。它的位置可以选择交通方便的远郊区，一年之中可以缩短开放期，在北方冬季可以停止游览。

侧重于科学普及的植物园，多属于市一级的园林单位，主要服务对象是城市居民、中小学生等。它的位置最好选在交通方便的近郊区。

（二）生产绿地用地选择

生产绿地是指为城市绿化提供苗木、花草、种子的苗圃、花圃、草圃等圃地。作为城市绿化的生产基地及科研实验基地，它一般占地面积较大，受土地市场影响，现在易被置换到郊区，但不能多占农田，可选择在郊区交通运输方便，且土壤及水源条件较好，方便育苗管理的地方。城市生产绿地规划总面积应占城市建成区面积的 2% 以上，苗木自给率满足城市各项绿化美化工程所用苗木的 80% 以上。

（三）防护林地用地选择

因所在位置和防护对象的不同，对防护绿地的宽度和种植方式的要求也各异。因此用地的选择具有特殊性：

①防风林应选择在城市外围上风向与主导风向位置垂直，以利阻挡风沙对城市的侵袭。

②卫生防护林按工厂有害气体、噪声等对环境影响程度不同，选定有关地段设置不同宽度的防护林带。

③农田防护林选择在农田附近、利于防风的地带营造林网，形成长方形的网格（长边与常年风向垂直）。

④水土保持林地选择河岸、山腰、坡地等地带种植树林，固土、护坡，含蓄水源，减少地面径流，防止水土流失。

（四）郊区风景名胜区、森林公园绿地用地选择

郊区风景林地、森林公园绿地的选择应尽可能地利用现有自然山水、森林地貌，规划风景旅游区、休养所、森林公园、自然保护区等。

第三节　城市园林绿地指标

一、城市绿地总面积

城市绿地总面积（hm^2）= 公园绿地 + 附属绿地 + 防护绿地 + 生产绿地 + 其他绿地

二、城市绿地率

城市绿地率是指城市各类绿地总面积占城市面积的百分比。

城市绿地率（%）=（城市建成区内绿地总面积 ÷ 城市用地总面积）× 100%

其中，建成区内绿地包括公园绿地、生产绿地、防护绿地和附属绿地。

城市绿地率表示城市绿地总面积的大小，是衡量城市规划的重要指标。从健康疗养角度考虑，绿地面积达 50% 以上才有舒适的休养环境。住建部有关文件中规定：城乡新建区绿化用地应不低于总用地面积的 30%；旧城改建区绿化用地应不低于总用地面积的 25%；一般城市的绿地率以 40%~60% 为宜。

三、城市绿化覆盖率

城市绿化覆盖率是指城市中各类绿化种植覆盖总面积占城市总用地面积的百分比。

城市绿化覆盖率（%）=（城市内全部绿化种植垂直投影面积 ÷ 城市用地总面积）× 100%

城市建成区内绿化覆盖面积应包括各类绿地（公园绿地、生产绿地、防护绿地及附属绿地）的实际绿化种植覆盖面积（含被绿化种植包围的水面）、屋顶绿化覆盖面积及零散树木的覆盖面积，乔木树冠下的灌木和地被草地不重复计算。

城市中各类绿地的绿色植物覆盖总面积占城市总用地面积的百分比，是衡量一个城市绿化现状和生态环境效益的重要指标，它随着时间的推移、树冠的大小而变化。

四、人均公园绿地面积

城市人均公园绿地面积是指市公园绿地面积的人均占有量（m^2/人）。

人均公园绿地面积 = 市区公园绿地总面积 ÷ 市区总人口

公园绿地是城市中向公众开放的，以游憩为主要功能，有一定的游憩设施和服务设施，同时兼有健全生态、美化景观、防灾减灾等综合作用的绿化用地,是城市建设用地、城市绿地系统和城市市政公用设施的重要组成部分,是展示城市整体环境水平和居民生活质量的一项重要指标。

五、人均公共绿地面积

人均公共绿地为市区内每人平均占有公共绿地面积(m^2/人)。

人均公共绿地面积 = 城市建成区内绿地总面积 ÷ 城市市区总人口

城市建成区内的绿地面积为城市中的公园绿地、生产绿地、防护绿地及附属绿地的总和。

六、道路交通绿化面积指标

道路绿化面积 = 平均单株行道树的树冠投影面积 ÷ 分车绿岛上的草地面积

道路绿化程度 = 道路绿化横断面长度 + 道路横断面总长度

城市道路均应根据实际情况搞好绿化,其中主干道绿带面积占道路总用地比率不少于20%,次干道绿带面积所占比率不少于15%。道路绿化面积为平均单株行道树的树冠投影面积与分车绿岛上的草地面积之和。常用道路绿化横断面长度与道路横断面总长度之比来衡量道路绿化程度。我国宽度在40 m以上的干道绿化程度为27%,40 m以下的绿化程度为28%。

七、生产绿地面积指标

城市苗圃拥有量 = 城市苗圃面积 ÷ 建成区面积

建设部要求园林苗圃用地面积应为城市建成区面积的2%~3%。

苗圃拥有量反映了一个城市园林绿化生产用地的多少,是城市园林绿化建设的物质基础。建设部有关文件要求各个城市都要重视园林苗圃的建设,逐步做到苗木自给。生产绿地面积占城市建成区总面积比率不低于2%,还应支持和帮助有条件的单位开展群众育苗。

八、居住区绿地面积指标

居住区绿地占居住区总用地比率应不低于30%。

九、单位附属绿地面积指标

单位附属绿地面积占单位总用地面积的比率不低于30%,其中工业企业、交通枢纽、仓储、商业中心等绿地率不低于20%;产生有害气体及其他污染的工厂绿地率不低于30%,并根据国家标准设立不少于5 m的防护林带;学校、医院、休疗养院所、机关团体、公共文化设施、部队等单位的绿地率不低于35%。

第四节　城市园林绿地的结构布局

一、城市园林绿地的布局形式

（一）块（点）状绿地

块（点）状绿地是在城市规划总图上,将市、区公园、花园、广场等园林绿地呈块状或点状均匀分布在城市中。这种形式具有布局均匀、接近并方便居民使用的特点,但因绿地分散独立,各块（点）绿地之间缺乏联系,对构成城市整体艺术面貌的作用不大,也不能起到综合改善城市小气候的作用。块状绿地布局形式多在旧城改建中采用。

（二）环状绿地

环状绿地是围绕城市内部或外缘,布置形成环状的绿地或绿带,用以连接沿线的公园、花园、林荫道等绿地。特点是能使市区的公园、花园、林荫道等统一在环带中,使城市处于绿色环抱之中。但在城市平面布局上,环与环之间联系不够,显得孤立,市民使用不便。一般多结合环城水系、城市环路、风景名胜古迹来布置。

（三）楔形绿地

楔形绿地是以自然的原始生态绿地（如河流、放射干道、防护林）等形成由市郊楔入城区呈放射状的绿地。因反映在城市总平面图上呈楔形而得名。一般多利用城市河流、地形、放射型干道等结合市郊农田和防护林来布置。特点是方便居民接近,同时有利于城市景观面貌与自然环境的融合,提高城市空间环境质量,对城市小气候有较好的改造作用。而且将市区与郊区或邻近发展轴线相联系,绿地直接伸入中心。但楔形绿地很容易把城市分割成放射状,不利于横向联系。

(四)混合式绿地

混合式绿地为前三种形式的结合利用，是将几种绿地系统结构相配合，使城市绿地呈网络状综合布置。特点是能较好地体现城市绿化点、线、面的结合，形成较完整的城市绿化系统。其优点是能够使生活居住区获得最大的绿地接触面，方便居民游憩和进行各种文娱体育活动，有利于就近地区气候与城市环境卫生条件的改善，丰富城市景观的艺术面貌。与居住区接触面大，方便居民散步、休息和使用。它既能通过带状绿地和楔形绿地与市郊相连，又能加强市区内的横向联系。这种形式使绿地的有机联系密切，整体效果好，有利于城市通风和运输新鲜空气，并能综合发挥绿地的生态效能，改善城市环境。现在我国的城市园林绿地系统规划多采取这种布局形式。

(五)片(带)状绿地

片(带)状绿地多数是由于利用河湖水系、城市道路、旧城墙等因素，形成的纵横向带形绿带、放射状绿带与环状绿地交织的绿地网，主要包括城市中的河岸、街道、景观通道等绿化地带及防护林带。特点是能充分结合各城市道路、水系、地形等自然条件或构筑物形状，将城市分成工业、居住、绿地等若干区块。绿地布局灵活，可起到分割城区的作用，具有混合式的优点。带状绿地布局有利于改善和表现城市的生态环境风貌，对城市景观形象和艺术面貌有较好的体现。这种绿地形式将市内各地区绿地相对加以集中，形成片(带)状，比较适于大城市。

每个城市都具有各自的特点和具体条件，不可能有适应一切条件的布局形式。所以规划时应结合各市的具体情况，认真探讨各自最合理的布局形式。例如，郑州市的城市绿地就是带状形式，而合肥市则为环状和楔形绿地的结合。

二、城市园林绿地的布局手法

城市园林绿地的规划布局，应采用点、线、面相结合的方式，将城市绿地有机地连成一个整体，形成生态、卫生、美丽的花园城市，才能真正充分发挥城市绿地改善气候、净化空气、美化环境等功能。

(一)"点"

"点"是指城市中的星点状的各类花园布局。面积不大，而绿化质量要求高。

①充分利用原有公园加以扩建，提高质量。②在河湖沿岸、交通方便处，新辟各类综合性公园、专题公园、植物园、动物园、陵园等。但要注意均匀分布，服务半径以居民步行10~20分钟为宜。街道两旁、湖滨岸边适当多布置小花园、小游园，供人们就地休息。儿童公园要注意安排在居住区附近，便于儿童就近游玩。动物园要稍微远离城市，防止污染城市和传染疾病。

（二）"线"

"线"是指城市道路两旁、滨河绿带、工厂及城市防护林带等，将其相互联系组成纵横交错的绿带网，美化街道，保护路面，防风、防尘、防噪声等。

（三）"面"

"面"是指城市中居住区、工厂、机关、学校、卫生等单位专用的园林绿地，是城市绿化面积最大的部分。城郊绿化布局应与农、林、牧的规划相结合，将城郊土地尽可能地用来绿化植树，形成围绕城市的绿色环带。特别是人口集中的城市，在规划时应尽量少占用郊区农田，而充分利用郊区的山、川、河、湖等自然条件和风景名胜，因地制宜地创造出各具特色的绿地，如风景区、疗养区等。

三、规划布局的原则

城市绿地系统规划布局总的目标是，保持城市生态系统的平衡，满足城市居民的户外游憩需求，满足卫生和安全防护、防灾、城市景观的要求。

（一）均衡分布，比例合理，满足全市居民生活、游憩需要，促进城市旅游发展

城市公园绿地，包括全市综合性公园、社区公园、各类专类公园、带状公园绿地等，是城市居民户外游憩活动的重要载体，也是促进城市旅游发展的重要因素。城市公园绿地规划以服务半径为基本的规划依据，以"点、线、面、环、楔"相结合的形式，将公园绿地和对城市生态、游憩、景观和生物多样性保护等相关的绿地有机整合为一体，形成绿色网络。按照合理的服务半径和城市生态环境改善，均匀分布各级城市公园绿地，满足城市居民生活休息所需；结合城市道路和水系规划，形成带状绿地，把各类绿地联系起来，相互衔接，组成城市绿色网络。

（二）指标限定

城市绿地规划指标应制定近、中、远三期规划指标，并确定各类绿地的合理指标，有效指导规划建设。

（三）结合当地特色，因地制宜

应从实际出发，充分利用城市自然山水地貌特征，发挥自然环境条件优势，深入挖掘城市历史文化内涵，对城市各类绿地的选择、布置方式、面积大小、规划指标进行合理规划。

（四）远近结合，合理引导城市绿化建设

应考虑城市建设规模和发展规模，合理制定分期建设目标，确保在城市发展过程中能保持一定水平的绿地规模，使各类绿地的发展速度不低于城市发展的要求。在安排各期规

划目标和重点项目时，应依城市绿地自身发展规律与特点而定。近期规划应提出规划目标与重点，具体建设项目、规模和投资估算。

第五节　市绿地系统规划程序

一、基础资料与整理

（一）自然资料

1. 地形图

图纸比例要与城市总体规划图比例一致，通常采用 1∶5 000 或 1∶10 000。

2. 气象资料

气象资料包括历年及逐月温度（逐月平均气温、极端最高和极端最低气温）、湿度（最冷月平均湿度、最热月平均湿度、雨季或旱季月平均湿度）、降水量（逐月平均降水量和年平均降水量）、积雪和冻土厚度、风（夏、冬季平均风速，全年风速图）、霜冻期、冰冻期等。

3. 土壤资料

土壤资料包括类型、厚度、分布、理化性质、地下水深度。

（二）现状资料

①现有绿地位置、范围、面积、性质、质量与可利用程度。②名胜古迹、革命旧址、历史名人故址、纪念地址面积、范围、性质及可利用程度，现有娱乐设施和城市景观、地区防灾避难场所。③适宜绿化而不宜建筑的用地位置、面积等。④现有河湖水系位置、流量、流向、面积、深度、水质等。

（三）现有绿地技术经济指标

①现有公共绿地位置、范围、面积、性质、绿地设施情况及可利用程度。②现有各类绿地用地比例、绿地面积、绿地率、人均绿地面积。③现有河、湖水面，水系位置、面积，水质卫生情况，河流宽、深，水的流向、流量，可利用程度。④适于绿化、不宜修建用地的面积。⑤郊区荒山、荒地植树造林情况。⑥当地苗圃面积、现有苗木种类、大小规格、数量及生长情况。

（四）植物资料

①现有园林植物种类及生长情况。②附近城市现有植物种类及生长情况。③附近山区天然植物中重要植物种类及生长情况。

（五）社会与经济资料

调查国土规划、地方区域规划、城市规划，明确城市概况、城市人口、面积、土地利用、城市设施、城市开发事业、法规等。

（六）城市环境质量调查

市区各种污染源的位置、污染范围、各种污染物的分布浓度及天然灾害、灾害程度。

二、文件编制

（一）文字说明书的主要内容

①城市概况、绿地现状（绿地面积、名称、质量、分布、特色）。②规划原则、规划思想、规划目标、布局方式、规划各种技术经济指标。③规划各项绿地位置、范围、性质、主要内容及总体要求。④主要绿地布置。⑤文物古迹、历史地段、风景区保护范围、保护控制要求。⑥分期实施计划、城市绿地造价估算。

（二）图纸表现内容

①各类绿地名称、面积。②公园绿地用地范围。③苗圃、花圃、专业植物园等绿地范围。④防护林带、林地范围。⑤文物古迹、历史地段、风景名胜区位置和保护范围。⑥河湖水系范围。⑦附主要技术经济指标。

（三）规划图制作

规划图表述城市绿地系统的结构、布局等空间要素，一般需包括以下内容：

①城市区位关系图（1∶10000~1∶50000）。②现状图（1∶5000~1∶25000）。③城市绿地现状分析图（1∶5000~1∶25000）。④规划总图（1∶5000~1∶25000）。⑤市域大环境绿化规划图（1∶5000~1∶25000）。⑥绿地分类规划图（1∶2000~1∶10 000）。⑦近期绿地建设规划图（1∶5000~1∶25000）。

第六节　城市绿地树种规划

一、树种规划的依据

①依照国家、省市有关城市园林绿化的文件、法规；②遵照本市自然现象、土壤、水文等自然条件，因地制宜；③从本市环境污染源及污染物的实际出发进行规划；④参照本市园林绿地现状，现有绿化树种生产、生长实际情况进行规划。

二、树种规划的一般原则

我国的城市绿化资源丰富，在城市绿化树的选用中应依据其分类方法、经济价值、观赏特性及生长习性，适地适树，正确选用和合理配置自然植物群落。

（一）选择本地区乡土树种

要尽量选择适应性强、抗性强、耐旱、抗病虫害，具有特色的乡土树种。为避免单调，可积极采用和驯化外来树种。

尊重自然规律，以地带性植物树种为主。树种规划要充分考虑植物的地带性分布规律及特点。本地树种最适应当地的自然条件，具有抗性强的特点，为本地群众所喜闻乐见，也能体现地方风格，可作为绿化主体，构建多层次、功能多样性的植物群落，提高绿地的稳定性和抗逆性。同时，为了丰富城市绿化景观，还要注意对外来树种的引种、驯化和实验，只要对当地生态条件比较适应，而实践又证明是适地适宜树种，也应该积极采用，但不能盲目引种不适于本地生长的其他地带的树种。

（二）注意选择树形美观、卫生、抗性强的树种

选择树形美观、卫生、抗性较强的树种，以美化市容、改善环境。所谓抗性强，是指对城市环境中工业设施、交通工具排出的"三废"，以及对酸、碱、旱、涝、砂性及坚硬土壤、气候、病虫等不利因素适应性强的植物品种。

要尽可能地选择那些树形美观，色彩、风韵、季相变化上有特色的和卫生、抗性较强的树种，以更好地美化市容、改善环境，促进人们的身体健康。

（三）注意选择具有较高经济价值和观赏性的树种

在提高各类绿地质量和充分发挥其各种功能的情况下，可与生产相结合，选择有一定

经济价值的树种，可获得木材、药材、果品、油料、香料等经济效益。城市绿化要求在发挥绿地生态功能的同时，还要扩大现叶、现花、现形、现果、遮阴等树种的应用，发挥城市绿化的观赏、游憩价值乃至经济价值和健康保健价值。

三、树种规划方法

（一）调查研究

开展树种调查研究是树种规划的重要准备工作。调查的范围应以本城市中各类园林绿地为主，调查的重点是各种绿化植物的生长发育状况、生态习性、对环境污染物和病虫害的抗性及在园林绿化中的作用等。具体内容有城市乡土树种调查、古树名木调查、外来树种调查、边缘树种调查、特色树种调查、抗性树种调查、邻近的"自然保护区"森林植被调查，或附近城市郊区山地农村野生树种调查等几方面。

调查中要注意不同地域条件下植物的生长情况，如城市不同小气候区、各种土壤条件的适应，以及污染源附近不同距离内的生长情况。同时，调查当地和相邻地区的原生树种和外地引种驯化的树种，以及这些树种的生态习性。

（二）树种选定

在调查研究的基础上，准确、稳妥、合理地选定 1~4 种基调树种、5~12 种骨干树种作为重点树种。另外，根据本市区中不同生境类型分别提出各区域中的重点树种、主要树种以及适宜各类绿地的树种。与此同时，还应进一步做好草坪、地被及各类攀缘植物的调查和选用，以便裸露地表的绿化和建筑物上的垂直绿化。

（三）主要树种比例的确定

由于各个城市所处的自然气候带不同、土壤水文条件各异，各城市树种选择的数量比例也应具有各自的特色。根据各类绿地的性质和要求，合理确定城市绿化树种的比例。例如，乔木、灌木、藤本、草本、地被植物之间的比例，裸子植物与被子植物的比例，乡土树种与外来树种的比例，速生与中生和慢生树种的比例，落叶树种与常绿树种的比例，阔叶树种与针叶树种的比例，常绿树在城市绿化面积中所占的比例，等等。

（四）确定城市所处的植物地理位置

它包括植被气候区域与地带、地带性植被类型与群种、地带性土壤与非地带性土壤类型。

四、城市常用园林绿化树种选择

由于我国土地广阔，各个城市所处的气候带不同，各类树木生长的生态习性不同和表现的观赏价值不同，各类园林绿地上绿化功能不同，因此，各城市选择的树种也应不同。

（一）不同气候带的城市园林绿化常用树种

1. 热带（海南、广东、广西、台湾南部）

南洋杉、青皮竹、蒲葵、番茉莉、马缨丹、肉桂、鸡毛松、桃金娘、变叶木、秋枫、羊蹄甲、白兰花、朱槿、柚、昆栏树、石栗、孔雀豆、猴欢喜、素馨、刺竹、椰子等。

2. 亚热带

①南亚热带（台湾中北部、福建、广东东南部、广西中部、珠江流域、云南中南部）。马尾松、羊蹄甲、落羽杉、木棉、波罗蜜、孔雀豆、肉桂、油橄榄、杨桃、柠檬、银桦、云南松、吊钟花、芭蕉、素馨、湿地松、黄槿、乌榄、竹柏、红豆树、桢楠、山茶、槟榔、猴欢喜、七里香、台湾相思、石栗、水杉、蒲葵、麻竹等。

②中亚热带（广东、广西北部、福建中北部、浙江、江西、四川、湖南、湖北、安徽、江苏南部、云贵高原、台湾北部）。马尾松、相思树、肉桂、鹅掌楸、珊瑚树、水松、桢楠、红千层、木荷、凤尾竹、青冈栎、广玉兰、银杏、香樟、柳杉等。

③北亚热带（秦岭山脉、淮河流域以南、长江中下游以北）。马尾松、亮叶桦、麻栎、栾树、红桦、紫荆、珊瑚树、金钟花、木槿、黄杨、朴树、紫薇、梧桐等。

3. 暖温带（沈阳以南、山东辽东半岛、秦岭北坡、华北平原、黄土高原东南、河北北部等）

油松、刺楸、板栗、桂香柳、锦带花、牡荆、南天竹、紫菀、白蜡等。

4. 温带（沈阳以北松辽平原、东北东部、燕山、阴山山脉以北、北疆等）

樟子松、红松、鱼鳞云杉、狗枣猕猴桃、蔷薇、千金榆、卫矛、天女花、红皮云杉、山葡萄等。

5. 寒温带（大兴安岭山脉以北、小兴安岭北坡、黑龙江省等）

红松、香杨、黑桦、越橘、臭冷杉、杜松、赤杨、朝鲜柳、蒙古栎、光叶春榆等。

（二）不同生态习性

1. 喜光树种

马尾松、红叶李、扶桑、皂荚、白玉兰、青杨、相思树、火炬松、连翘、榉树等。

2. 耐阴树种

云杉、十大功劳、南天竹、小叶黄杨、云南山茶、八仙花、罗汉松、珊瑚树、交让木等。

3. 耐湿树种

水松、桑树、乌桕、丝棉木、胡颓子、垂柳、皂荚、旱柳、棕榈、枫杨等。

4. 耐瘠薄土壤树种

赤松、桑树、丝兰、木棉、花椒、女贞、海桐、樟子松、丝棉木、铅笔柏等。

5. 喜酸性土树种

红松、湿地松、赤松、柳杉、雪松、银杏、红豆杉、山茶、越橘等。

6. 耐盐碱性土树种

黄杨、旱柳、大麻黄、铅笔柏、柳树、银杏、新疆杨、刺柏、乌桕、槐树等。

7. 钙质土树种

侧柏、山胡椒、棠梨、山楂、野花椒、黄荆、山麻杆、牛鼻栓、黄连木、栾树等。

（三）不同观赏价值的树种

1. 观花树种

（1）春。

桃、丁香、木香、木绣球、白玉兰、牡丹、玫瑰、迎春花、海棠、忍冬等。

（2）夏。

紫薇、石榴、月季、夏鹃、枸杞、扶桑、锦带花、木槿、白兰花、六道木等。

（3）秋。

月季、米兰、山茶、木芙蓉、凤尾兰、扶桑、紫薇、夜来香、白兰花等。

（4）冬。

茶梅、油茶、山茶、结香、迎春（冬末）、蜡梅等。

2. 观果树种

柑橘、枸骨、海桐、山茱萸、无患子、红豆树、小果蔷薇、卫矛、苦楝等。

3. 观叶树种

野漆树、红枫、柿树、枫香、水杉、石楠、银杏、青桐、白蜡、丁香等。

（四）不同绿化功能的树种

1. 行道树或庭荫树

重阳木、枫杨、鹅掌楸、垂柳、毛白杨、枫香、大叶榕、石栗、北京杨、白桦等。

2. 抗风树种

棕榈、相思树、樟子松、樟树、木麻黄、女贞、海桐、马尾松、青冈栎、广玉兰等。

3. 防火

交让木、楠、芭蕉、八角、厚皮香、槐树、海桐、油茶、木荷等。

第六章　园林规划设计基本原理

园林艺术是园林学研究的主要内容，是关于园林规划、创作的理论体系，是美学、艺术、诗画、文学、音乐和建筑等多学科理论的综合运用，尤其是美学。

园林艺术运用总体布局、空间组合、体形、比例、色彩、质感等园林语言，构成特定的艺术形象——园林景象，形成一个更为完整的审美主体，以表达时代精神和社会物质文化风貌。

第一节　园林美学概述

一、园林美的属性和特征

园林属于多维空间的艺术范畴，一般有两种观点：一是三维、时空和联想空间（意境）；二是线、面、体、时空、动态和心理空间等。其实质都说明园林是物质与精神空间的总和。

园林美具有多元性，表现在构成园林的多元素和各元素的不同组合形式之中。园林美也有多样性，主要表现在历史、民族、地域、时代性的多样统一之中。

园林作为一个现实生活境域，营造时就必须借助于自然山水、树木花草、亭台楼阁、假山叠石，乃至物候天象等物质造园材料，将它们精心设计、巧妙安排，创造出一个优美的园林景观。因此，园林美首先表现在园林作品可视的外部形象物质实体上，如假山的玲珑剔透、树木的红花绿叶、山水的清秀明洁……这些造园材料及其所组成的园林景观便构成了园林美的第一种形态——自然美实体。

尽管园林艺术的形象是具体而实在的，但园林艺术的美却不仅限于这些可视的形象实体表面，而是借助于山水花草等形象实体，运用各种造园手法和技巧，通过合理布置、巧妙安排、灵活运用来表达和传送特定的思想情感，抒写园林意境。园林艺术作品不仅仅是一片有限的风景，而是要有象外之象、景外之景，即"境生于象外"，这种象外之境即为园林意境。重视艺术意境的创造，是中国古典园林美学上的最大特点。中国古典园林美主要是艺术意境美，在有限的园林空间里，缩影无限的自然，造成咫尺山林的感觉，产生"小中见大"的效果，拓宽了园林的艺术空间。例如，扬州的个园，成功地布置了四季假山，运用不同的素材和技巧，使春、夏、秋、冬四时景色同时展出，延长了园景的时间。这种拓宽艺术时空的造园手法，强化了园林美的艺术性。

当然，园林艺术作为一种社会意识形态，作为上层建筑，它自然要受制于社会存在。作为一个现实的生活境域，亦会反映社会生活的内容，表现园主的思想倾向。例如，法国的凡尔赛宫苑布局严整，是当时法国古典美学总潮流的反映，是君主政治至高无上的象征。再如，上海古猗园的缺角亭，作为一个园林建筑的单体审美，缺角后就失去了其完整的形象，但它有着特殊的社会意义。建此亭时，正值东北三省沦陷于日本侵略者手中，园主故意将东北角去掉，表达了为国分忧的爱国之心。理解了这一点，你就不会认为这个亭子不美，反而会感到一种更高层次的美的含义，这就是社会美。

可见，园林美应当包括自然美、社会美、艺术美三种形态。

系统论有一个著名论断：整体不等于各部分之和，而是要大于各部分之和。英国著名美学家赫伯特·里德（Herbert Read）曾指出："在一幅完美的艺术作品中，所有的构成因素都是相互关联的；由这些因素组成的整体，要比其简单的总和更富有价值。"园林美不是各种造园素材单体美的简单拼凑，也不是自然美、社会美和艺术美的简单累加，而是一个综合的美的体系。各种素材的美、各种类型的美相互融合，构成一种完整的美的形态。

二、园林美的主要内容

如果说自然美是以其形式取胜，那么园林美则是形式美与内容美的高度统一。它的主要内容有以下十个方面：

（一）山水地形美

山水地形美包括地形改造、引水造景、地貌利用、土石假山等，它形成园林的骨架和脉络，为园林植物种植、游览建筑设置和视景点的控制创造条件。

（二）借用天象美

借日月雨雪造景，如观云海霞光，看日出日落，设朝阳洞、夕照亭、月到风来亭、烟雨楼、听雨打芭蕉、泉瀑松涛、造断桥残雪、踏雪寻梅等意境。

（三）再现生境美

仿效自然，创造人工植物群落和良性循环的生态环境，创造空气清新、温度适中的小气候环境。花草树木永远是生境的主体，也包括多种生物。

（四）建筑艺术美

在风景园林中，由于游览景点、服务管理、维护等功能的要求和造景需要，要求修建一些园林建筑，包括亭台廊榭、殿堂厅轩、围墙栏杆、展室公厕等。建筑决不可多，也不可无、古为今用、外为中用、简洁巧用、画龙点睛。建筑艺术往往是民族文化和时代潮流的结晶。

（五）工程设施美

在园林中，游道廊桥、假山水景、电照光影、给水排水、挡土护坡等各项设施必须配套，要注意艺术处理而区别于一般的市政设施。

（六）文化景观美

风景园林常为历史古迹所在地，"天下名山僧占多"。园林中的景名景序、门楹对联、摩崖碑刻、字画雕塑等无不浸透着人类文化的精华，创造了诗情画意的境界。

（七）色彩音响美

风景园林是一幅五彩缤纷的天然图画，是动听的美丽诗篇。蓝天白云，花红叶绿，粉墙灰瓦，雕梁画栋，风声雨声，鸟声琴声，欢声笑语，百籁争鸣。

（八）造型艺术美

在园林中，常运用艺术造型来表现某种精神、象征、礼仪、标志、纪念意义及某种体形、线条美，如图腾、华表、雕像、鸟兽、标牌、喷泉及各种植物造型艺术小品等。

（九）旅游生活美

风景园林是一个可游、可憩、可赏、可学、可居、可食、可购的综合活动空间，满意的生活服务、健康的文化娱乐、清洁卫生的环境、交通便利、治安保证与特产购物，都将给人们带来情趣，带来生活的美感。

（十）联想意境美

联想和意境是我国造园艺术的特征之一。丰富的景物，通过人们的接近联想和对比联想，达到触景生情、体会弦外之音的效果。"意境"一词最早出自我国唐代诗人王昌龄的《诗格》，说诗有三境：一曰物境，二曰情境，三曰意境。意境就是通过意象的深化构成心境应合、神形兼备的艺术境界，也就是主客观情景交融的艺术境界。风景园林就应该是这种境界。

第二节 形式美法则

一、形式美的表现形态

（一）"点"

点是构造的出发点，它的移动便形成线，是基本的形态要素，是进入视野内有存在感而与周围形状和背景相比能产生点的感觉的形状。点的感觉与点的形状、大小、色彩、排列、光影等有关系。点的强化使得目标鲜明醒目，成为审美重点，也可强调整体均衡和稳定中心。

（二）线条美

线条是造园家的语言，是构成景物外观的基本因素，是造型美的基础。它可表现起伏的地形、曲折的道路、婉转的河岸、美丽的桥拱、丰富的林冠线、严整的广场、挺拔的峭壁、简洁的屋面……

线条的曲直、粗细、长短、虚实、光洁、粗糙等，在人心理上会产生快慢、刚柔、滞滑、利钝、节奏等不同感觉。

线的形态感情：

1. 直线

直线具有坚强、刚直的特性与冷峻感，如水平线、竖直线和斜线。

水平线具有与地面平行而产生附着于地面的稳定感，产生开阔、舒展、亲切、平静的气氛，同时有扩大宽度、降低速度的心理倾向。

竖直线与地面垂直，现实与地球吸引力相反的动力，有一种战胜自然的象征，体现力量与强度，表达崇高向上、坚挺而严肃的情感。

斜线更具有力感、动感和危机感，使人联想到山坡、滑梯的动势，构图也更显活泼与生动。利用直线类组合成的图案，可表现出耿直、刚强、秩序、规则和理性的形态情感。

2. 曲线

曲线具有柔顺、弹性、流畅、活泼的特征，给人以运动的感觉，其心理诱惑感强于直线。几何曲线规则而明了，表达出理智、圆浑统一的感觉，自由曲线则呈现自然、抒情与奔放的感觉。

利用弧形弯曲线组合成的图案，代表着柔和、流畅、细腻和活泼的形态情感。

（三）图形美

图形是由各种线条围合而成的平面形态，它通过"面"的形式来表现和传达情感。图形通常分为规则式图形和自然式图形两类。

面是人们直接感知某一物体形状的依据，圆形、方形、三角形是图形最基本的形状，可称为"三原形"。它们是由不同的线条采用不同的围合方式形成的。规则式图形的特征是稳定、有序，有明显的规律变化，有一定的轴线关系和数比关系，庄严肃穆、秩序井然；而不规则图形则表达了人们对自然的向往，其特征是自然、流动、不对称、活泼、抽象、柔美和随意。

（四）体形美

体形是由多种面形围合而成的三维空间实体，给人印象最深，具有尺度、比例、体量、凹凸、虚实、刚柔、强弱的量感与质感。在风景园林中包含着绚丽多姿的体形美要素，表现于山石、水景、建筑、雕塑、植物造型等，人体本身也是线条与体形美的集中表现。不同类型的景物有不同的体形美，同一类型的景物，也具有多种状态的体形美。现代雕塑艺术不仅表现出景物体形的一般外在规律，而且还抓住景物的内涵加以发挥变形，形成了以表达感情内涵为特征的抽象艺术。

（五）光影色彩美

色彩是造型艺术的重要表现手段之一，通过光的反射，色彩能引起人们生理和心理感应，获得美感。

（六）朦胧美

朦胧美产生于自然界，它是形式美的一种特殊表现形态，使人产生虚实相生、扑朔迷离的美感。

二、形式美法则的应用

（一）多样与统一

各类艺术都要求统一，且在统一中求变化。园林组成部分的体量、色彩、线条、形式、风格等，都要求一定程度的相似性与一致性。一致性的程度会引起统一感的强弱，十分相似的组分会给人以整齐、庄严、肃穆的感觉；而过分一致的组分则给人呆板、单调、乏味的感受。因此，过分的统一则是呆板，疏于统一则显杂乱，所以常在统一之上加上一个"多样"，意思是需要在变化之中求得统一，免于成为大杂烩。这一原则与其他原则有着密切的关系，起着"统率"作用。真正使人感到愉悦的风景景观，均由于它的组成存在明显的协调统一。要创造多样统一的艺术效果，可以通过以下多种途径来达到：

1. 形式统一

形式统一应先明确主题格调，再确定局部形式。在自然式和规整式园林中，各种形式都是比较统一的，混合式园林主要是指局部形式是统一的，而整体上两种形式都存在。但园内两种形式的交接处不能太突然，应有一个逐步过渡的空间。公园中重要的表现形式是园内道路，其规整式多用直路，自然式多用曲路。由直变曲可借助规整式中弧形或折线形道路，使其不知不觉中转入曲径。例如，几何式花坛整形的形式统一；不同形状的建筑，但勒脚形式统一或屋顶形式统一等。

某些建筑造型与其功能内涵在长期的配合中，形成了相应的规律性，尤其是体量不大的风景建筑，更应有其外形与内涵的变化与统一，如亭、台、楼、阁、餐厅、厕所、展室花房等。如用一般亭子或小卖部的造型去建造厕所，显然是荒唐的；如果在一个充满中国风格的花园内建立一个西洋风格的小卖部，便会在形式上失去统一感。

2. 材料统一

无论是一座假山、一堵墙还是一组建筑，无论是单个还是群体，它们在选材方面既要有变化，又要保持整体的一致性，这样才能显示景物的本质特征。如园林中告示牌、指路牌、灯柱、栏杆、花架、宣传廊、座椅等材料颜色统一。近年来多有用现代材料结构表现古建筑的做法，如仿木、仿竹的水泥结构，仿石的斩假石做法，仿大理石的喷涂做法，也可表现理想的质感统一效果。

3. 线条统一

线条统一是指各图形本身的线条图案与局部线条图案的变化统一，如山石岩缝竖向的统一、天然水池曲岸线的统一等。变化形成多样统一，也可用自然土坡山石构成曲线变化求得多样统一。

4. 色彩统一

用色彩统一来达到协调统一，如中国的油菜花田给人以美的享受。

5. 花木统一

公园树种繁多，但可利用一种数量最多的植物花卉来做基调，以求协调，如杭州花港观鱼公园选用常绿大乔木广玉兰做基调。

6. 局部与整体统一

整体统一，局部协调。在同一园林中，景区景点各具特色，但就全园总体而言，其风格造型、色彩变化均应保持与全园整体基本协调，在变化中求完整。比如，卢沟桥上的石狮子，每一组狮子雕塑为大狮子围合，材料统一，高矮统一，而变化的范围却是小狮子的数量、位置和姿态及大狮子的各种造型。总之，变化于整体之中，求形式与内容的统一，使局部与整体在变化中求协调，这是现代艺术对立统一规律在人类审美活动中的具体表现。

（二）对比与微差（对比律）

对比：各要素之间的差异极为显著，称对比（强烈对比）。对比的结果会使景物生动而鲜明。它追求差异的对比美。

微差：各要素相比，表现出更多相同性，而其不同性在对比之下可忽略不计称微差（微差对比）。微差的表现会使景物连续而和谐，它追求协调中的差异美。

对比是比较心理的产物，是强调二者的差异性，是对风景或艺术品之间存在的差异和矛盾加以组合利用，取得相互比较、相辅相成的呼应关系。在园林造景中，往往形式和内容的对比关系更能突出主体，更能表现景物的本质特征，产生强烈的艺术感染力，如用小突出大、以丑凸显美、用拙反衬巧、用粗显示细、用黑暗预示光明等。风景园林造景运用对比律有形体、线型、空间、数量、动静、主次、色彩、光影、虚实、质地、意境等对比手法。另外，在具体应用中，还有不同的表现方法，如"地与图"的反衬，指背景对主景物的衬托对比。

1. 适于用对比的场所

（1）花园入口。

用对比手法可以突出花园入口的形象，通过对比既容易使游人发现，又标示出公园的属性，给人以深刻的印象。

（2）精品景点。

对于园中喷水池、雕塑、大型花坛、孤赏石等，对比可使位置突出、形象突出或色彩突出。

（3）建筑附近。

尤其对园内的主体建筑，可用对比手法突出建筑形象。

（4）渲染情绪。

在十分淡雅的景区，在重要的景点前稍用对比手法，可使游人精神为之一振。

2. 对比方法

（1）大小（空间）对比。

大小的对比，常表现为以短衬长、以低衬高、以小见大、以大见小等。以小见大为一种障景的艺术手法，在主要景物前设置屏障，利用空间体量大小的对比作用，达到欲扬先抑、出人意料的艺术效果。

景物大小不是绝对的，而是相对而言的。例如一座雕像，本身并不太高，可通过基座以适当的比例加高，四周配植人工修剪的矮球形黄杨，便在感觉上加高了雕塑。相反，用笔直的钻天杨或雪松，会觉得雕塑变矮了。

（2）色彩对比。

园林中关于色彩的对比，在植物素材的运用上表现更为突出。"红花还需绿叶扶"就是对补色搭配的一种总结。色彩的对比可以包括色彩发生变化和协调的补色对比、色相对比、明度对比、色度对比、冷暖对比、面积对比等。

（3）形状对比。

自然界中的物体形状，被人们分为圆形、方形（矩形）和三角形（多边形）三种基本形状，俗称"三原形"。它们相互组合可以构成世上所有的形状。

（4）方向对比。

水平与垂直是人们公认的一对方向对比因素。水边平静广阔的水面与一棵高耸的水杉可形成鲜明的对比，一个碑、塔、阁或雕塑一般是垂直矗立在游人面前，它们与地平面存在着垂直方向的对比。由于景物高耸，很容易让游人产生仰慕和崇敬感。

（5）质地对比。

利用植物、建筑、山石、水体等造园素材质感的差异形成对比。粗糙与光洁、革质与蜡质、厚实与透明、坚硬与柔软。建筑上仅以墙面而论，也有砖墙、石墙、大理石墙面以及加工打磨情况等不同，而使材料质感上有差异。利用材料质感的对比，可造成浑厚、轻巧、庄严、活泼，或以人工性或以自然性的不同艺术效果。

（6）虚实对比。

虚令人感到轻松，实令人感到厚重。水面中间有一小岛，水体是虚，小岛是实，因而形成了虚实的对比，产生艺术效果。碧山之巅置一小亭，小亭空透轻巧是虚、山巅沉重是实，也形成虚实对比的艺术效果。在空间处理上，开融是虚、闭合是实，虚实交替，视线可通可阻。可从通道、走廊、漏窗、树干间去看景物，也可从广场、道路、水面上去看景物，由虚向实或由实向虚，遮掩变幻，增加观景效果。园林中的虚与实、藏与露等都是常用的对比手法。老一辈造园家提醒"对比多了，等于没有对比"。意思是偶用效果卓著，用多了反而令游人生厌或无动于衷。

（7）开合对比。

在空间处理上，开敞空间与闭合空间也可形成对比。在园林绿地中利用空间的收放开合，可形成敞景与聚景。视线忽远忽近、空间忽放忽收，自收敛空间窥视开敞空间，增加空间的对比感、层次感，创造"庭院深深深几许"的境界。

（8）明暗对比。

光线的强弱，造成景物的明暗。景物的明暗使人有不同的感受，如叶大而厚的树木与叶小而薄的树木，在阳光下给人的感觉就不同。在景区的印象上，明给人以开朗活跃的感觉，暗给人以幽静柔和的感觉。在园林绿地中，明朗的广场空地，供人活动；幽暗的疏密林带，供人散步休息。也可以在开朗的景区前，布置一段幽暗的通道，以突出开朗的景区。一般来说，明暗对比强的景物令人有轻快振奋的感受，明暗对比弱的景物令人有柔和静穆的感受。

其他方面的对比，如主次对比、高低对比、上下对比、直线与曲折线的对比等手法，都在园林中得以广泛应用。

(三) 节奏与韵律

自然界中许多现象，常是有规律的重复和有组织的变化。例如海边的浪潮，一浪一浪地向岸上扑来，均匀而有节奏。在园林绿地中，也常有这种现象，如道旁植树，植一种树好，还是间植两种树好？在一个带形用地上布置花坛，设计成一个长花坛好，还是设计几个花坛并列起来好？这都牵涉到构图中的韵律节奏问题。节奏是最简单的韵律，韵律是节奏的重复变化和深化，富于感性情调使形式产生情趣感。条理性和重复性是获得韵律感的必要条件，简单而缺乏规律变化的重复则单调枯燥乏味。所以韵律节奏是园林艺术构图多样而统一的重要手法之一。

园林绿地构图的韵律与节奏的常见方式有以下几种：

1. 重复韵律

重复韵律指同种因素等间距反复地出现，如行道树、登山道、路灯、带状树池等。

2. 交错韵律

交错韵律指相同或不同要素进行有规律的纵横交错、相互穿插。常见的有芦席的编织纹理和中国的木棂花窗格子。

3. 渐变韵律

渐变韵律指连续出现的要素按一定规律或秩序进行微差变化。逐渐加大或变小，逐渐加宽或变窄，逐渐加长或缩短，从椭圆逐渐变成圆形或反之，色彩渐由绿变红，等等。

4. 旋转韵律

旋转韵律指某种要素或线条，按照螺旋状方式反复连续进行，或向上，或向左右发展，得到旋转感很强的韵律特征。其在图案、花纹或雕塑设计中常见。

5. 突变韵律

突变韵律指景物以较大的差别和对立形式出现，产生突然变化而错落有致的韵律感，给人以强烈变化的印象。

6. 自由韵律

自由韵律类似云彩或溪水流动的表示方法，指某些要素或线条以自然流畅的方式，不规则却有一定规律地婉转流动，反复延续，出现自然优美的韵律感。

归纳上述各种韵律，根据其表现形式，又可分成三种类型：规则、半规则和不规则韵律。规则表现其严整规定性、理智性特征，不规则表现其自然多变性、感情性特征，而半规则则显示出规则与不规则的共同特征。可以说，韵律设计是一种方法，可以把人的眼睛和意志引向一个方向，把注意力引向景物的主要因素。世界现代韵律观差异很大，甚至难以捉摸。总的来说，韵律是通过有形的规律性变化，求得无形的韵律感的艺术表现形式。

（四）比例与尺度

造型艺术的审美对象在空间上都占有一定的体积。在长、宽、高三个方向上应该有多大，它们相互之间的关系怎样，什么是优美和谐的比例，古往今来人们均企图通过健康的人体、美妙的音乐、成功的建筑雕塑来分析找出优美比例的规则……因此，尺度与比例的关系一直是人类自古以来试图解决的问题。

比例是指各部分之间、整体与局部之间、整体与周围环境之间的大小关系与度量关系，是物与物之间的对比，它与具体尺寸无关。

尺度是指与人有关的物体实际大小与人印象中的大小之间的关系，它与具体尺寸有不可分割的联系。例如，墙、门、栏杆、桌椅的大小常常与人的尺寸产生关系，容易在心理上有固定的印象。

比例对比是判断某景物整体与局部之间存在着的关系，是否合乎逻辑的比例关系。比例具有满足理智和眼睛要求的特征。比例出自数学，表示数量不同而比值相等的关系。世界公认的最佳数比关系是古希腊毕达哥拉斯学派创立的"黄金分割"理论，即无论从数字、线段或面积上相互比较的两个因素，其比值都近似于1∶0.618。

然而在人的审美活动中，比例更多的见之于人的心理感应，这是人类长期社会实践的产物，并不仅仅限于黄金比例关系。那么如何才能得到比较好的比例关系呢？17世纪法国建筑师布龙台认为，某个建筑体（或景物）只要其自身的各部之间有相互关联的同一比例关系时，好的比例也就产生了，这个实体就是完美的。其关键是最简单明确、合乎逻辑的比例关系才产生美感，过于复杂而看不出头绪的比例关系并不美。以上理论确定了圆形、正方形、正三角形、正方内接三角形等，可以作为好的比例衡量标准。

功能决定比例，人的使用功能常常是事物比例的决定原因。例如，人体尺寸同活动规律决定了房屋三度空间长、宽、高的比例；门、窗洞的高、宽应有的比例，坐凳、桌子和床的比例，各种实用产品的比例，美术字体，各种书籍的长、宽比例关系等。因此，比例有其绝对的一面，也有其相对的一面。

分区规划时，各区的大小应根据功能、人流及内容要求来决定。例如，公园中的儿童游乐区、公共游览区、文化娱乐区等都应根据其功能、内容要求等来确定它们之间的空间比例关系。

种植设计也存在比例问题。一般要根据当地的气象、风向、温度、雨量及阴雨日数的资料来决定草坪面积及乔、灌、草花的比例。乔木虽然可以挡风蔽阴，但易造成园内明暗对比失调，所以不能求之过甚，顾此失彼。例如，在北方，常绿树与落叶树的数量比一般为1∶3，乔木与灌木比为7∶3；而到了海南一带，常绿树与落叶树的数量比例成为2∶1甚至3∶1，乔木与灌木的比例则为1∶3左右。

尺度指与人有关的物体实际大小与人印象中的大小之间的关系。久而久之，这种尺度和它的表现形式合为一体而成为人类习惯和爱好的尺度观念。如供成人使用和供儿童使用的东西，就具有不同的尺度要求。

在园林造景中，运用尺度规律进行设计常采用的方法有以下几种：

1. 单位尺度引进法

单位尺度引进法即引用某些为人们所熟悉的景物作为尺度标准，来确定群体景物的相互关系，得出合乎尺度规律的园林景观。

2. 人的习惯尺度法

习惯尺度仍是以人体各部分尺寸及其活动习惯规律为准，来确定风景空间及各景物的具体尺度。如以一般民居环境作为常规活动尺度，那么大型工厂、机关建筑、环境就应该用较大尺度处理，这可称为依功能而变的自然尺度。而教堂、纪念碑、凯旋门、皇宫大殿、大型溶洞等，就是夸大了的超大尺度。它们往往使人产生自身的渺小感和建筑物（景观）的超然、神圣、庄严之感。此外，因为人的私密性活动而使自然尺度缩小，如建筑中的小卧室、大剧院中的包厢、大草坪边的小绿化空间等，使人有安全、宁静和隐蔽感，这就是亲密空间尺度。

3. 景物与空间尺度法

一件雕塑在展室内显得气魄非凡，移到大草坪、广场中则顿感逊色，尺度不佳。一座假山在大水面边奇美无比，而放到小庭园里则感到尺度过大，拥挤不堪。这都是环境因素的相对尺度关系在起作用，也就是景物与环境尺度的协调与统一规律。

4. 模度尺设计法

运用好的数比系列或被认为是最美的图形，如圆形、正方形、矩形、三角形、正方形内接三角形等作为基本模度，进行多种划分、拼接、组合、展开或缩小等，从而在立面、平面或主体空间中，取得具有模度倍数关系的空间，如房屋、庭院、花坛等，这不仅能得到好的比例尺度效果，而且也给建造施工带来方便。一般模度尺的应用采取加法和减法设计。

总之，尺度既可以调节景物的相互关系，又能造成人的错觉，从而产生特殊的艺术效果。

（五）稳定与均衡

古代中国人认为组成宇宙的五大元素是金、木、水、火、土，五个汉字的象形基本都是左右对称、上小下大。而在西方，"对称"一词与"美丽"同义。构图上的不稳定常常让欣赏者感到不平衡。当构图在平面上取得了平衡，我们称为均衡；在立面上取得的平衡称为稳定。

均衡感是人体平衡感的自然产物，它是指景物群体的各部分之间对立统一的空间关系，一般表现为对称均衡和不对称均衡两大类型。

1. 静态均衡

静态均衡也称对称平衡，是指景物以某轴线为中心，在相对静止的条件下，取得左右（或上下）对称的形式，在心理学上表现为稳定、庄重和理性。

2. 动态均衡

动态均衡也称不对称平衡，即景物的质量不同、体量也不同，却使人感到平衡。例如，门前左边一块山石、右边一丛乔灌木，因为山石的质感很重，体量虽小，却可以与质量轻、体量大的树丛相比，同样产生平衡感。这种感觉是生活中积淀下来的经验。动态均衡创作法一般有以下几种类型：

（1）构图中心法。

在群体景物之中，有意识地强调一个视线构图中心，而使其他部分均与其取得对应关系，从而在总体上取得均衡感。三角形和圆形图案等重心为几何构图中心，是突出主景的最佳位置；自然式园林中的视觉重心，也是突出主景的非几何中心，忌居正中。

（2）杠杆均衡法。

杠杆均衡法又称动态平衡法、平衡法。根据杠杆力矩的原理，使不同体量或重量感的景物置于相对应的位置而取得平衡感。

（3）惯性心理法。

惯性心理法又称运动平衡法。人在劳动实践中形成了习惯性重心感，若重心产生偏移，则必然出现动势倾向，以求得新的均衡。如一般认为右为主（重）、左为辅（轻），故鲜花戴在左胸较为均衡；人右手提起物体，身体必向左倾，人向前跑手必向后摆。人体活动一般在立体三角形中取得平衡，根据这些规律，我们在园林造景中就可以广泛地运用三角形构图法。园林静态空间与动态空间的重心处理，均是取得景观均衡的有效方法。

3. 质感均衡

质感均衡根据造景元素的材质的不同，寻求人们心理的一种平衡感受。在我国山水园林中，主体建筑和堆山、小亭等常常各据一端，隔湖相望，大而虚的山林空间与较为密实的建筑空间分量基本相等。在重量感觉上一般认为，密实建筑、石山分量大于土山、树木。同一要素内部给人的印象也有区别，当其大小相近时，石塔重于木阁、松柏重于杨柳、实体重于透空材料、浓色重于浅色、粗糙重于细腻。

4. 竖向均衡

上小下大在远古曾被认为是稳定的唯一标准，因为它和对称一样可以给人一种雄伟的印象。而古人大都将宏大气魄作为决定事物是否美丽的不可缺少的条件之一。上小下大，稳如泰山，即为一种概括。这是因为地球引力强加于人使得物体体重小且越靠近地心就越稳定。一旦人们在技术上有可能不依赖于这种上小下大的模式而仍可使构筑物保持稳定的话，他们是乐于尝试新的形式的。中国假山讲究"立峰时石一块者……理宜上大下小，立之可观。或峰石两块三块拼缀，亦宜上大下小，似有飞舞之势"。

今天的园林中应用竖向均衡的例子也很广泛，建筑小品如伞形亭、蘑菇亭等倒三角形以求均衡的运用。园林是自然空间，竖向层次上主要是地形和植物（大乔木），人们难以完全按照自己的意志进行安排，这就要求我们不断地创造更新颖、更适于特定环境的方案。杭州云栖竹径中小巧的碑亭与高于它八九倍的三株大枫香形成了鲜明对照，产生了类似于平面上大而虚的自然空间和小而实的人工建筑两者之间的平衡感。当我们让树木倾斜生长而造成不稳定的动势时，也可以达到活泼生动的气氛，如同生长在悬崖之上苍劲刚健而古老的松树给人的印象一样。它们常常成为舒缓园林节奏中的特强音符。

（六）统觉与错觉

欣赏物象时常常以最明显的部分为中心而形成视觉统一效应，我们称为统觉。由于外界干扰和自身心理定式的作用而对物象产生的错误认识，称为错觉。人们的心理定式在通常情况下能够帮助把握住物体的正确形状。

在人工构筑物及其装饰上，统觉和错觉出现得非常频繁，而错觉较统觉运用得更为广泛一些。例如，由于人们的视觉中心点常聚焦偏重于物象的中心偏上，等分线段上半部就会显得比下半部更近，仿佛就更大一些。如匾额、建筑上的徽标、车站时钟、建筑阳台。从人体尺度上看，全身的重要视点中心在胸部，如胸花；上半身的视点在领，如领花；面部的视点在额头，如点红点等。在进行某些规划设计时，可以充分利用这一错觉开展人们视点中心的注意力布局。反之，则要避免造成头重脚轻的感觉。

（七）主从与统一

任何事物总是有相对和绝对之分，又总是在比较中发现重点，在变化关系中寻求统一。反之，倘若各个局部都试图占据主要或重要位置，必将使整体陷入杂乱无章之中。因此，在各要素之间保持一种合适的地位和关系，对构图有很大的帮助。美的标准可能并非唯一，但若不符合这些标准就必然丧失美感。

综合性风景空间里，多风景要素、多景区空间、多造景形式的存在，必须选择有主有次的创作方法，达到丰富多彩、多样统一的效果。园林景观的主景（或主景区）与次要景观（或次景区）总是相比较而存在，又相协调而变化的。这种原理被广泛运用于绘画和造园艺术。如在绘画方面，元代《画鉴》中说："画有宾主，不可使宾胜主"；"有宾无主则散漫，有主无宾则单调、寂寞，有时有主无宾可用字画代之。"《画山水诀》中说"主山最宜高耸，客山须是奔趋。"在园林叠山方面，明代《园冶》一书说："假如一块中竖而为主石，两条旁插而呼劈峰，独立端严，次相辅弼，势如排列，状若趋承"。在园林中有众多的景区和景点，它们因地制宜，排列组合形成景区序列，但其中必有主有次，如泰山风景名胜区就有红门景区、中天门景区、岱顶景区、桃花源景区等，其中岱顶景区当仁不让地为主景区。中国古典园林是由很多大小空间组成的，如苏州的拙政园是以中区的荷花池为主体部分，又以远香堂为建筑构图中心；北京颐和园以昆明湖为主体，而以佛香阁为构图中心，其周围均有次要景点，形成"众星捧月""百鸟朝凤"的布局。

（八）比拟与联想

园林绿地不仅要有优美的景色，而且要有幽深的境界，应有意境的设想。能寓情于景、寓意于景，能把情与意通过景的布置体现出来，使人能见景生情、因情联想，把思维扩大到比园景更广阔、更久远的境界中去，创造幽深的诗情画意。

1. 以小见大、以少代多的比拟联想

模拟自然，以小见大，以少代多，用精练浓缩的手法布置成"咫尺山林"的景观，使人有真山真水的联想。如无锡寄畅园的"八音涧"，就是模拟杭州灵隐寺前冷泉旁的飞来峰山势，却又不同于飞来峰。我国园林在模拟自然山水的手法上有独到之处，善于综合运用空间组织、比例尺度、色彩质感、视觉幻化等，使一石有一峰的感觉、使散石有平冈山峦的感觉、使池水迂回有曲折不尽的感觉。犹如一幅高明的国画，意到笔随，或无笔有意，使人联想无穷。

2. 运用植物的特征、姿态、色彩给人的不同感受，而产生比拟联想

例如，松——象征坚贞不屈，万古长青的气概；竹——象征虚心有节，清高雅洁的风尚；梅——象征不畏严寒，纯洁坚贞的品质；兰——象征居静而芳，高风脱俗的情操；菊——象征不畏风霜，活泼多姿；柳——象征灵活性与适应性，有强健的生命力；枫——象征不畏艰难困苦、老而尤红；荷花——象征廉洁朴素，出淤泥而不染；玫瑰花——象征爱情，象征青春；迎春花——象征春回大地，万物复苏。白色象征纯洁，红色象征活跃，绿色象征平和，蓝色象征幽静，黄色象征高贵，黑色象征悲哀。但这些只是象征而已，并非定论，而且因民族、习惯、地区、处理手法等不同又有很大的差异，如"松、竹、梅"有"岁寒三友"之称、"梅、兰、竹、菊"有"四君子"之称，都是诗人、画家的封赠。广州的红木棉树称为英雄树，长沙岳麓山广植枫林，确有"万山红遍，层林尽染"的景趣。而爱晚亭则令人想到"停车坐爱枫林晚，霜叶红于二月花"的古人名句。

3. 运用园林建筑、雕塑造型而产生的比拟联想

园林建筑、雕塑的造型，常与历史、人物、传闻、动植物形象等相联系，能使人产生思维联想。例如，布置蘑菇亭、月洞门、小广寒殿等，人置身其中产生身处神话世界或月宫之感；至于儿童游戏场的大象和长颈鹿滑梯，则培养了儿童的勇敢精神，有征服大动物的豪迈感；在名人的雕像前，则令人有肃然起敬之感。

4. 运用文物古迹而产生的比拟联想

文物古迹发人深省，游成都武侯祠，会联想到诸葛亮的政绩和三足鼎立的三国时代的局面；游成都杜甫草堂，会联想到杜甫富有群众性的传诵千古的诗章；游杭州岳坟、南京

雨花台、绍兴凤南亭，会联想到许多可歌可泣的往事，使人得到鼓舞。文物在观赏游览中也具有很大的吸引力。在园林绿地的规划布置中，应掌握其特征，加以发扬光大。如国家或省、市级文物保护单位的文物、古迹、故居等，应分情况"整旧如旧"，还原本来面目，使其在旅游中发挥更大的作用。

5. 运用景色的命名和题咏等而产生的比拟联想

好的景色命名和题咏，能对景色起到画龙点睛的作用，如含义深、兴味浓、意境高，能使游人有诗情画意的联想。

第三节 园林空间艺术布局

一、静态空间艺术构图

在一个相对独立的环境中，诸多因素的变化，使人的审美感受各不相同，有意识地进行构图处理，就会产生丰富多彩的艺术效果。

静态空间艺术是指相对固定的空间范围内的审美感受。一般按照活动内容，静态空间可以分为生活居住空间、游览观光空间、安静休息空间、体育活动空间等。按照地域特征分为山岳空间、台地空间、谷地空间、平地空间等；按照开朗程度分为开朗空间、半开朗空间和闭锁空间等；按照构成要素分为绿色空间、建筑空间、山石空间、水域空间等；按照空间大小分为超人空间、自然空间和亲密空间；依其形式分为规则空间、半规则空间和自然空间；根据空间的多少又分为单一空间和复合空间等。

（一）风景界面与空间感

由自然风景的景物面构成的风景空间，称为风景界面。景物面实质上是空间与实体的交接面。风景界面即局部空间与大环境的交接面，由天地及四周景物构成。

风景界面主要有底界面、壁界面、顶界面。风景底界面可以是草地、水面、砾石或沙地、片石台地及溪流等类型。风景的壁界面，常常为游人的主要观赏面，为悬崖峭壁、古树丛林、珠帘瀑布、峰林峡谷等。风景的壁面处理，除了自然景观外，人工塑造观赏面也是我国造园中常采用的手法，如山崖壁面的石刻、半山寺庙等，均为风景壁面增色不少。风景顶界面，一般情况下没有明显的界面，多以天空为背景，在溶洞中、石窟内，虽有顶面存在，但不易长时间仰视观赏，多不被注意。

1. 自然风景界面的类型

（1）涧式空间。

两岸为峭壁，且高宽比大，下部多为溪流。由于河床窄，绝壁陡而高，溪回景异，变幻多姿，常给人幽深、奇奥的美感。

（2）井式空间。

四周为山峦，空间的高宽比在5∶1以上，封闭感较强，常构成不流通的内部空间。

（3）天台式空间。

多为山顶的平台，视线开阔，常是险峰上的"无限风光"之处。

（4）一线天空间。

一线天空间意指人置身于悬崖裂缝间只能看到一条狭窄的天缝。"一线天"可宽可窄、可长可短，宽者可接近嶂谷，窄者就像一条岩缝，仅能容一身穿行，给人险峻感、深邃感和奇趣感。

（5）山腰台地空间。

在山腰或山脚上部，有突出于山体的台地，这种地势，一面靠山，三面开敞，背山面势，开阔与封闭的对比较强，同时又因离开了山体，增强了层次效果，往往可造成较好的景观。

（6）动态流通空间。

在溪流河道沿岸，山的起伏和层次变化，配以倒影效果，常富于景观变换，构成流通空间，宜动态观赏。

（7）洞穴空间。

洞穴空间包括溶洞、山内裂隙、山壁岩屋、天坑等，常给人阴森、奇险之感。

（8）回水绝壁空间。

当流水受阻，因水的切割而形成绝壁，同时，因水的滞流形成水汀，在深潭的出口，流速减缓而形成沙洲，这种空间有闭锁与开阔的对比，常被用来造景。

（9）洲、岛空间。

沿海的沙洲、沿湖海的半岛与岛屿，特别是水库形成的众多小岛，使开阔的水面产生多层次和多变化的水面空间景观效果。

（10）植物空间。

林中空地、林荫道等由植物组成的空间，是比地貌空间更有生命力的空间环境，也是自然风景空间必不可少的组成部分。

2. 空间的分类

按照风景空间给人的感受不同，可划分为三种空间：

（1）开敞空间。

开敞空间是指人的视线高于周围景物的空间。开敞空间内的风景称为开朗风景。"登高壮观天地间，大江茫茫去不还""孤帆远影碧空尽，唯见长江天际流"，均是对开敞空间的写照。高高的山岭、苍茫的大海、辽阔的平原都属于开敞空间。开敞空间可以使人的视线延伸到远方，使人目光宏远，给人以明朗开阔和胸怀开放的感受。

（2）闭锁空间。

闭锁空间是指人的视线被周围景物遮挡住的空间。闭锁空间内的风景叫闭锁风景。闭锁空间给人深幽之感，但也有闭塞感。

（3）纵深空间。

纵深空间是指狭长的地域，如山谷、河道、道路等两侧视线被遮住的空间。纵深空间的端点，正是透视的焦点，容易引起人的注意，常在端部设置风景，谓之对景。

3. 风景界面与空间感受

以平地（或水面）和天空构成的空间，有旷达感，所谓心旷神怡；以峭壁或高树夹持，其高宽比 6：1~8：1 的空间有峡谷或夹景感；由六面山石围合的空间，则有洞府感；以树丛和草坪构成的不小于 1：3 的空间，有明亮亲切感；以大片高乔木和矮地被植物组成的空间，给人以荫浓景深的感觉；一个山环水绕、泉瀑直下的围合空间给人清凉世界之感；一组山环树抱、庙宇林立的复合空间，给人以人间仙境的神秘感；一处四面环山、中部低凹的山林空间，给人以深奥幽静感；以烟云水域为主体的洲岛空间，给人以仙山琼阁的联想；中国古典园林的咫尺山林，给人以小中见大的空间感；大环境中的园中园，给人以大中见小（巧）的感受。

由此可见，巧妙地利用不同的风景界面组成关系，进行园林空间造景，将给人们带来静态空间的多种艺术魅力。

（二）静态空间的视觉规律

利用人的视距规律进行造景、借景，将取得事半功倍之效，可创造出预想的艺术效果。

1. 最宜视距

正常人的清晰视距为 25~30 m，明确看到景物细部的视距为 30~50 m，能识别景物类型的视距为 150~270 m，能辨认景物轮廓的视距为 500 m，能明确发现物体的视距为 1200~2000 m，但这已经没有最佳的观赏效果。至于远观山峦、俯瞰大地、仰望太空等，则是畅观与联想的综合感受了。

2. 最佳视域

人的正常静观视域，垂直视角为 130°，水平视角为 160°。但按照人的视网膜鉴别率，最佳垂直视角小于 30°、水平视角小于 45°，即人们静观景物的最佳视距为景物高度的 2 倍或宽度的 1.2 倍，以此定位设景则景观效果最佳。但是，即使在静态空间内，也要允许游人在不同部位赏景。建筑师认为，对景物观赏的最佳视点有三个位置，即垂直视角为 18°（景物高的 3 倍距离）、27°（景物高的 2 倍距离）、45°（景物高的 1 倍距离）。如果是纪念雕塑，则可以在上述三个视点距离位置为游人创造较开阔平坦的休息欣赏场地。

3. 三远视景

除了正常的静物对视外,还要为游人创造更丰富的视景条件,以满足游赏需要。借鉴画论三远法,可以取得一定的效果。

（1）仰视高远。

一般认为视景仰角分别大于45°、60°、90°时,由于视线的不同消失程度可以产生高大感、宏伟感、崇高感和危严感；若小于90°,则产生下压的危机感。这种视景法又称虫视法,在中国皇家宫苑和园林中常用此法突出皇权神威,或在山水园中创造群峰万壑、小中见大的意境。例如,北京颐和园中的中心建筑群,在山下德辉殿后看佛香阁,仰角为62°,产生宏伟感,同时,也产生自我渺小感。

（2）俯视深远。

居高临下,俯看大地,为人们的一大乐趣。在园林中也常利用地形或人工造景,创造制高点以供人俯视,绘画中称为鸟瞰。俯视也有远视、中视和近视的不同效果。一般俯视角小于45°、30°、10°时,则分别产生深远、深渊、凌空感。当小于0°时,则产生欲坠危机感。登泰山而一览众山小,居天都而有升仙神游之感,也产生人定胜天之感。

（3）中视平远。

以视平线为中心的30°夹角视域,可向远方平视。利用创造平视观景的机会,将给人以广阔宁静的感受、坦荡开朗的胸怀。因此,园林中常要创造宽阔的水面、平缓的草坪、开敞的视野和远望的条件,这就把天边的水色云光、远方的山廓塔影借来身边,一饱眼福。

三远视景都能产生良好的借景效果,根据"佳则收之,俗则屏之"的原则,对远景的观赏应有选择,但这往往没有近景那么严格,因为远景给人的是抽象概括的朦胧美,而近景才给人以具象细微的质地美。

4. 花坛设计的视角视距规律

独立的花坛或草坪花丛都是一种静态景观,一般花坛又位于视平线以下,根据人的视觉实践,当花坛的花纹距离游人渐远时,所看到的实际画面也随之而缩小变形。不同的视角范围内其视觉效果各有不同。花坛或草坪花丛设计时必须注意以下规律：①一个平面花坛,在其半径约为4.5 m的区段其观赏效果最佳；②花坛图案应重点布置在离人1.5~4.5 m,而靠近人1~1.5 m区段只铺设草坪或一般地被植物即可；③在人的视点高度不变的情况下,花坛半径超过4.5 m以上时,花坛表面应做成斜面；④当立体花坛的高度超过视点高度2倍以上时,应相应提高人的视点高度；⑤如果人在一般平地上欲观赏大型花坛或大面积草坪花纹时,可采用降低花坛或草坪花丛高度的办法,形成下沉式效果,这在法国庭园花园中应用较早；⑥当花坛半径加大时,除了提高花坛坡度外,还应把花坛图案成倍加宽,以便克服图案缩小变形的缺陷。

总之,上述视角视距分析并非要求我们拘泥于固定的角度和尺寸关系,而是要在多种复杂的情况下,寻求一些规律以创造尽可能理想的静态观景效果。

5. 静态空间的尺度规律

既然风景空间是由风景界面构成的，那么界面之间相互关系的变化必然会给游人带来不同的感受。例如，在一个空旷的草坪上或在一个浅盆景底盘上进行植物或山石造景时，其景物的高度和底面的关系在1∶6~1∶3时，景观效果最好。

二、动态序列艺术布局

园林对于游人来说是一个流动空间，一方面表现为自然风景的时空转换，另一方面表现在游人步移景异的过程中。不同的空间类型组成有机整体，并对游人构成丰富的连续景观，就是园林景观的动态序列。

（一）园林空间展示程序

中国古典园林多半有规定，要有出入口、行进路线、空间分隔、构图中心、主次分明建筑类型和游憩范围。展示程序的规划路线布置不可简单地点线连接，而是把众多景区景点有机协调组合在一起，使其具有完整统一的艺术结构和景观展示程序（景观序列）。

景观序列平面布置宜曲不宜直，设计要有高低起伏，达到步移景异、层次深远、高低错落的景观效果。序列布置一般有起景—高潮—结景，即序景—起景—发展—转景—高潮—结景。

1. 一般序列

一般简单的展示程序有所谓两段式和三段式之分。两段式就是从起景逐步过渡到高潮而结束，如一般纪念陵园从入口到纪念碑的程序。但是多数园林具有较复杂的展出程序，大体上分为起景—高潮—结景三个段落。在此期间还有多次转折，由低潮发展为高潮，接着又经过转折、分散、收缩以至结束。如北京颐和园从东宫门进入，以仁寿殿为起景，穿过牡丹台转入昆明湖边豁然开朗，再向北通过长廊地过渡到达排云殿，再拾级而上直到佛香阁、智慧海，到达主景高潮。然后向后山转移再游后湖、谐趣园等园中园，最后到北宫门结束。此外还可自知春亭，南过十七孔桥到湖心岛，再乘船北上到石舫码头，上岸再游主景区。无论怎么走，均是一组多层次的动态展示序列。

2. 循环序列

为了适应现代生活节奏的需要，多数综合性园林或风景区采用了多向入口、循环道路系统，多景区景点划分，分散式游览线路的布局方法，以容纳成千上万游人的活动需求。因此，现代综合性园林或风景区采用主景区领衔，次景区辅佐，多条展示序列。各序列环状沟通，以各自入口为起景，以主景区主景物为构图中心，以综合循环游览景观为主线，以方便游人、满足园林功能需求为主要目的来组织空间序列，这已成为现代综合性园林的特点。在风景区的规划中更要注意游赏序列的合理安排和游程游线的有机组织。

3. 专类序列

以专类活动内容为主的专类园林，有其各自的特点。植物园多以植物演化系统组织园景序列，如从低等到高等、从裸子植物到被子植物、从单子叶植物到双子叶植物，还有不少植物园因地制宜地创造自然生态群落景观形成其特色。动物园一般从低等动物到鱼类、两栖类、爬行类至鸟类、食草哺乳动物、食肉哺乳动物，乃至灵长类高级动物等，形成完整的景观序列，并创造出以珍稀动物为主的全园构图中心。某些盆景园也有专门的展示序列，如盆栽花卉与树桩盆景、树石盆景、山水盆景、水石盆景、微型盆景和根雕艺术等，这些都对空间展示提出了规定性序列要求，故称其为专类序列。

（二）园林道路系统布局序列

园林空间序列的展示，主要依靠道路系统的导游职能，有串联、并联、环形、多环形、放射、分区等形式。因此道路类型就显得十分重要。

多种类型的道路体系为游人提供了动态游览条件，因地制宜的园景布局又为动态序列的展示打下了基础。

（三）风景园林景观序列的创作手法

风景序列是由多种风景要素有机组合、逐步展现出来的，在统一基础上求变化，又在变化之中见统一，这是创造风景序列的重要手法。

1. 风景序列的主调、基调、配调和转调

景观序列的形成要运用各种艺术手法。以植物景观要素为例，作为整体背景或底色的树林可为基调，作为某序列前景和主景的树种为主调，配合主景的植物为配调，处于空间序列转折区段的过渡树种为转调，过渡到新的空间序列区段时，又可能出现新的基调、主调和配调，逐渐展开就形成了风景序列的调子变化，产生不断变化的观赏效果。

2. 风景序列的起结开合

作为风景序列的构成，可以是地形起伏，水系环绕，也可以是植物群落或建筑空间，无论是单一的还是复合的，总应有头有尾、有放有收，这也是创造风景序列常用的手法。以水体为例，水之来源为起，水之去脉为结，水面扩大或分支为开，水之溪流又为合。这和写文章相似，用来龙去脉表现水体空间之活跃，以收放变换创造水之情趣。例如，北京颐和园的后湖、承德避暑山庄的分合水系、杭州西湖的聚散水面。

3. 风景序列的断续起伏

这是利用地形地势变化而创造风景序列的手法之一，多用于风景区或郊野公园。一般风景区山水起伏，游程较远，我们将多种景区景点拉开距离，分区段设置，在游步道的引导下，景序断续发展，游程起伏高下，取得引人入胜、渐入佳境的效果。

4. 园林植物景观序列与季相和色彩布局

园林植物是风景园林景观的主体，然而植物又有其独特的生态规律。在不同的立地条件下，利用植物个体与群落在不同季节的外形与色彩变化，再配以山石水景、建筑道路等，必将出现绚丽多姿的景观效果和展示序列。

5. 园林建筑群动向序列布局

园林建筑在风景园林中只占 1%~2% 的面积，但它往往是某景区的构图中心，起到画龙点睛的作用。由于使用功能和建筑艺术的需要，对建筑群体组合的本身以及对整个园林中的建筑布置，均应有动态序列的安排。对一个建筑群组而言，应该有入口、门庭、过道、次要建筑、主体建筑的序列安排。对整个风景园林而言，从大门入口区到次要景区，最后到主景区，都有必要将不同功能的景区，有计划地排列在景区序列线上，形成一个既有统一展示层次又有多样变化的组合形式，达到应用与造景之间的完美统一。

第七章　城市更新背景下的风景园林设计思考与实践

第一节　城市更新的内涵及过程

城市更新是城市的"新陈代谢"。"城市更新"一词最早正式出现在1958年8月荷兰海牙召开的第一次城市更新研讨会议上，指对城市已有建筑形态、空间布局、环境功能等的改善，是"对城市中已经或开始衰落的区域，进行新的投资和建设，使之重新发展和繁荣"。中华人民共和国成立初期，中国效仿第二次世界大战后西方国家的城市更新方式，采用"推倒重建"的方式来提升城市物质空间形象。改革开放后引入房地产资本，促成了大量的旧城更新，形成了以"土地"换取"经济"的经济发展模式。这种增量发展模式以破坏城市生态系统与生态环境为代价，对土地进行了高强度的开发利用。城市建设不顾建筑密度过大、公共活动空间紧迫等问题，过于追求经济效益，而弱化了社会效益，忽视了文化礼仪传承、人居情感传递和邻里关系和谐构建等精神生产力的再造，同时使城市绿地遭到严重侵蚀。不合理的城市更新方式以及产生的问题引发了大众对城市改造方式的反思和讨论。在面对同样的"窘境"时，西方国家率先在城市更新中关注人的需求和尺度，同时可持续发展理念和生态环境保护意识逐渐深入人心，城市更新更加注重城市发展的综合效益，这同样也是当前中国城市高质量发展的目标和期望。

中国城市发展经历了由"城市改造"到"城市更新"的反思与转型过程。不管是中华人民共和国成立至改革开放前夕的旧城改造工程，还是改革开放后，以房地产资本为首的市场主导的旧城更新，其城市改造重点均是以经济建设为中心，以改善城市居住条件和城市环境为主要任务，改造方式局限于物质建设领域，缺乏保护生态环境的意识。随后，城市改造涉及的一些深层社会问题、环境问题开始涌现出来。例如，人口过密使社区内基础设施超负荷运转，居民生活质量下降；不合理的居住社区搬迁、开发建设无法构成有效的社区网络，出现新旧小区无法兼容等问题；工厂、工业区改造、搬迁过程中导致的环境污染也在威胁着城市居民的正常生活。

传统的城市更新在大空间内做规划，往往是整片、整块的城区翻新，忽略了城市局部空间的人性化设计和生态设计，无法满足居民对高品质、高质量生活的需求。吴良镛先生提出的"有机更新论"，强调城市更新讲求循序渐进的小规模整治，这不仅需要规划者从宏观层次把握城市更新方向，更需对城市进行"细部描绘"，在改进住房质量、楼房外观的同时关注居住社区的环境和社会关系建设。当前中国进入了以提升质量为主的转型发展新阶段，基于国际发展趋势和中国新常态发展背景下的现实需求，要高质量地进行城市更新，从社区到整个城市，实现城市生态系统、绿地系统和人居系统的健康运行。因此，生态可持续、绿色健康与环境和谐的城市更新，才是时代所需要和人民所向往的。

第二节　风景园林学科视角下的城市更新

风景园林学是综合运用科学和艺术手段，研究、规划、设计、管理自然或建成环境的应用性学科，以协调人与自然的关系为宗旨，保护和恢复自然环境并营造健康优美人居环境。目前风景园林学科视角下的城市更新理论和实践尚在探索之中，对于风景园林学科如何参与城市更新、如何支撑城市更新、如何引领城市更新的研究和关注亟待加强。这不仅与我国生态文明建设和以人为本的发展理念息息相关，还能在改善城市生态环境和人居环境、保护和传承文化遗产等方面发挥重要作用，使得在风景园林学科支撑下的城市更新工作朝着绿色生态、美丽宜居、文化兼修的更高目标推进。

一、绿色生态

城市更新的本质是进行人居生态环境的优化。无论是在山水格局的构建、绿地系统的建设中，还是在生态人居环境的营造上，风景园林师都强调人与自然的和谐，强调绿色与生活空间的结合。同时风景园林学科以服务社会大众为导向，展现出"绿色发展、开放共享"的内涵。风景园林师在城市更新中将城市内外的山、水、林、田、湖、草等绿色资源加以整合，为城市预留出生态韧性空间和生态缓冲空间的同时，也在积极地为城市居民提供不同规模、类型的绿色活动空间。可见，风景园林学科能充分利用城市自然生态空间为人民服务，使城市更新具有"生活性""生态性"和"生产性"，实现经济—社会—生态的平衡。

二、美丽宜居

城市是由自然生态系统、基础设施系统、社会经济系统耦合而成的复杂有机体。而其中自然生态系统和城市绿色空间所形成的绿色基础设施则是人类和社会发展所依赖的生命支持系统。城市更新必须要由粗放转入精细的规划模式，即从以往关注灰色基础设施如城市管廊、道路等的更新，到重视绿色基础设施的更新，这是新时代的发展要求，也是城市更新的重要方向之一。在以往大多数成功的城市更新案例中，美丽宜居的绿色环境营造和生态功能拓展往往体现在城市绿色基础设施的更新上，如佩雷公园、福州城市绿道等都是经典的代表案例。风景园林学科在城市更新中作为一种提高绿色基础设施空间品质的重要科学支撑，可以通过风景园林的营建手法，改善城市人居环境，激发城市活力，逐渐恢复城市的自然元气，满足城市居民对绿色生活的向往和追求。

三、文化兼修

每个城市都具有自己的历史文脉和内涵，风景园林学科已经成为挖掘城市文化、提升文化内涵、展现城市文化底蕴的重要载体。因此，融入风景园林学科的城市更新将更加突出文化兼修的软实力和吸引力。城市更新方式由过去采用的"拆、改、留"转为"留、改、拆"，如北京前门大街和大栅栏城市街区更新，逐步实现了历史文化遗产和现代绿色开放空间的结合，让传统文化遗产走进人民的生活之中。城市更新可汲取中国传统文化，采用当代需要的形式和内容，使传统文化以一种新形态、新气象出现在城市绿色开放空间之中，使之塑造的绿色空间成为具有时代性、民族性、地域性、艺术性、技术性和被人民喜爱的文化风景综合体，能真正留住城市的文化和生活记忆。

第三节　融入风景园林学科的城市更新路径

以"绿色生态""美丽宜居"和"文化兼修"为目标，从风景园林学科角度精准把握城市更新的内涵，笔者初步提出了以下五个方面的更新路径，积极探索融入风景园林学科的城市更新的范式，科学地提高城市更新的绩效，更好地满足人们对美好生活的需要（图7-1）。

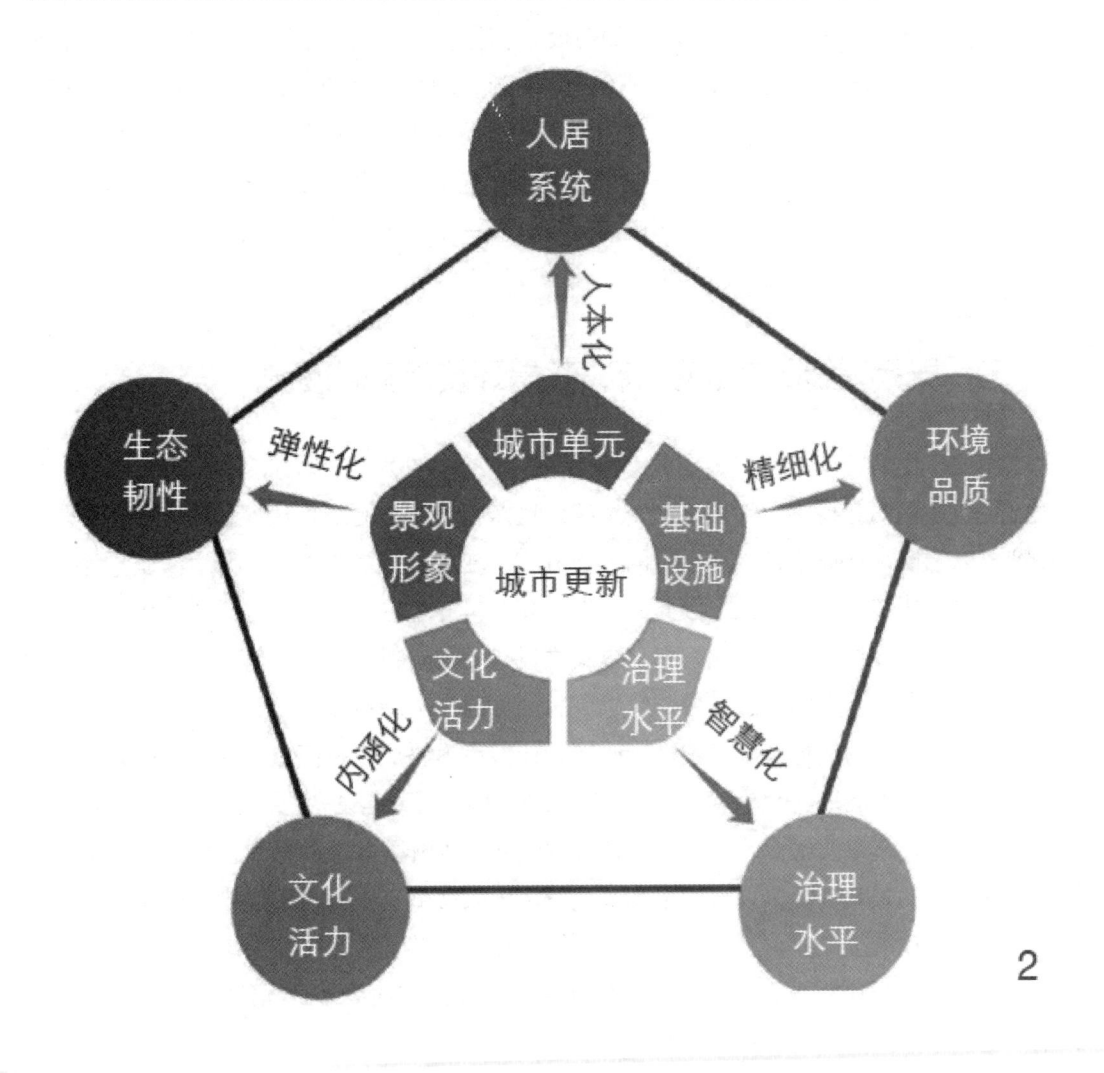

图 7-1　风景园林融入下的城市更新路径示意图

一、既是城市单元的更新，又是人居系统的更新

城市发展不仅关注城市内部空间建设，还需要协调与周边自然的关系，共同构建一个和谐共生的生态人居系统。城市更新工作虽然是以城市建成区为中心，但同样需要重新建立城市与自然的有机融合关系。在更新路径中，风景园林师要进一步强化"生态优先、绿色发展"的基本理念，以城市生态空间的保护、修复作为城市更新的基础手段，促进城市生态系统与人居系统协调。例如，通过"保绿"推进城市绿色资源的保护和生态系统的修复，重新塑造城市与自然的共融关系；通过"引绿"实现城市外围绿色空间的渗透和连接，重新建立城市与生态的物质循环机制；通过"还绿"高效利用城市废弃空间和腾退闲置土地，重新恢复城市土地的生态功能。在城市更新过程中，除了保障现有绿色空间，风景园林师

还需要聚焦于居民的需求。从在哪里、如何设计、服务设施有什么到如何使用和维护管理，从设计到施工，风景园林师都需要与公众及时交流，增强居民的归属感和认同感，使居民参与到城市更新的建设和维护之中，如深圳香蜜公园在规划设计营建中参考公众意见，进行参与式设计以满足市民需求，培育城市的公园文化，建设公众乐享之园，同时施工建设接受群众监督，建设完成后还建立了政府—理事会—企业维护机制，以保障该公园的管理和维护工作。

二、既是基础设施的更新，又是环境品质的更新

实施城市更新行动的目的，是推动解决城市发展中的突出问题和短板，提升人民群众对美好生活环境的获得感、幸福感和安全感。这意味着城市更新将从以基础设施更新优化为中心、以老旧硬件设施升级为重点的发展方式，变成以人民为中心、以生活质量为导向的城市环境品质综合提升模式。因此，要以"高质量环境创造高品质生活"为指引，防止城市更新中的建设形成急于求成、盲目求新之风，要重新树立"品质优先"的原则，适度包容城市剩余空间。在实践过程中，风景园林师可通过"绿更新""微更新""巧更新"等策略，对城市原有的灰色基础设施进行改造，让城市道路成为林荫道，将城市的人工排水管网逐渐转换为由湿地、公园、草沟等组成的绿色网络；通过建设"微绿地""口袋公园""社区花园"等，营造或改善更多的城市绿色开放空间，提升公共空间品质。例如，成都利用绿道串联不同的景观资源，以自然生态节点及历史人文节点，为市民提供多样化的公共活动场所，并带动周边产业，激发城市活力。同时绿道修补了城市慢行系统，满足徒步、自行车行驶等多种居民需求，可承载城市公共生活、社会交往等多种功能，实现了"绿色"让生活更美好的愿景，提高了居民的生活品质。

三、既是景观形象的更新，又是生态韧性的更新

高密度城市的雨洪压力、空气污染、地质灾害、地震火灾等问题不断增加，也威胁着城市安全。城市更新的目的不仅是让城市更美、更整洁，而是要重建和恢复一个具有生态韧性和弹性调节能力的城市系统。不仅要"景观的高颜值"，更要"生态的高品质"。风景园林师在城市更新中通过塑造多尺度、多类型的韧性绿地空间，重建城市生态系统，提高生态绩效，促进景观破碎地区的生态修复，完善城市防灾避险功能，不断增强城市在承受各种扰动时化解和抵御外界冲击的能力，提高城市更新后的适应力与恢复力。城市更新工作通过保留如湖泊、湿地、森林等生态空间，规划城市必需的河、湖、渠等蓄—滞洪设施，使城市有一定比例的绿地能涵养雨水，有一定的库容能调蓄径流，建设由点（雨水花园等）、线（植草沟、明沟等）、面（湿地、河、湖等）组成的雨洪调节系统，维系和增强城市生

态调节功能。

四、既是空间物质的更新，又是文化活力的更新

文化是城市的灵魂。城市在发展过程中形成的特有历史脉络和文化印迹，是城市文化气质的重要体现。城市更新可以让城市物质空间从"旧"变"新"，可以让"脏、乱、差"变成"洁、净、美"，但在空间物质的更迭中，不能忘记城市的文化根本。风景园林学科的重要使命是延续城市文脉传统，激发城市文化活力，实现城市更新的文化价值。城市更新应着重保护历史建筑和街区，关注当地的风土人情、历史文化、气候特征等，征询居民意见，修复和营造能唤起乡愁记忆的传统景观风貌和空间场景，增强居民的地方归属感。同时风景园林师应从历史文化遗产中汲取前人的哲学理念和生活态度，特别是对"意"的把握。以造园之意为先，之后以具体物质形态加以表现，创造出属于当代的文化景观。"意"为引领，以画入景，实现文化与景观、人与自然的融合。如苏州狮山公园山、水紧密相依，如同八卦图盘，不仅传承中国山水意象精神，还与城市发展的新导则及当代生态可持续概念相契合，以欣欣向荣的姿态实现了传统和现代园林文化的交融。风景园林学科引领下的城市更新将构建"文化+城市""文化+风景"的混合发展模式，将文化力量注入城市更新实践，在文化传承中容纳新兴的城市功能，激发城市发展的活力。最终通过城市更新，挖掘和重塑城市的人文精神内涵，全力打造更具温度、更有情怀的城市人文环境。

五、既是管理手段的更新，又是治理水平的更新

城市更新是城市高质量发展的路径，也是推动城市空间治理体系和治理能力升级的"催化剂"。若要实现城市有机更新的常态化，先要打破各自为政、条块分割、政绩导向的传统城市治理模式，然后建立以风景园林、城乡规划、建筑、生态、交通等多专业和学科为支撑的城市绿色综合治理平台。政府部门可从城市空间政策规范化、城市管理系统化、人民服务精细化三方面入手，做好顶层设计，切实加强和改进城市更新的管理工作，并建立"使用者—管理者—设计者—营造者"的四方传导体系，利用多方力量共同探索城市更新的新模式，最终实现在城市更新中城市治理水平和管理手段的提升。

第四节 案例实践

一、项目全称：翠湖国家城市湿地公园

所在地：北京市海淀区。

建成时间：2012年。

本项目荣获2015全国优秀工程勘察设计行业奖一等奖、2014年度北京园林优秀设计一等奖、北京市第十八届优秀工程设计一等奖。

项目概述：

公园位于海淀区上庄水库北侧，面积约157.6hm^2，是国家住建部批复的首批十个国家城市湿地公园之一，也是海淀北部地区生态环境建设的标志性工程。

本项目的设计是一次以生态保护为核心，以科普教育为特点，以低碳、环保材料应用为手段的设计理念的具体落实。

公园属于资源保护型公园，严格区分保护区域与活动区域，避免游人活动对保护区域产生过度干扰与影响，使保护区域起到其应有的作用。

为强化湿地公园的独特景观属性，设计对现有水体进行连通，疏浚并增加部分水面，形成湖泊、溪涧、港汊、坑塘、滩涂相结合的湿地水域体系，公园湿地水域面积约占公园总体面积的60%。

公园建成后成为巨大的氧源和碳汇资源库，极大地改善了周边水体流域的水环境状况，扩大了以湿地鸟类为主的动物栖息地。经过不断的建设、管理与养护，公园内已观测记录到野生鸟类16目38科178种。如下图所示：

总平面图

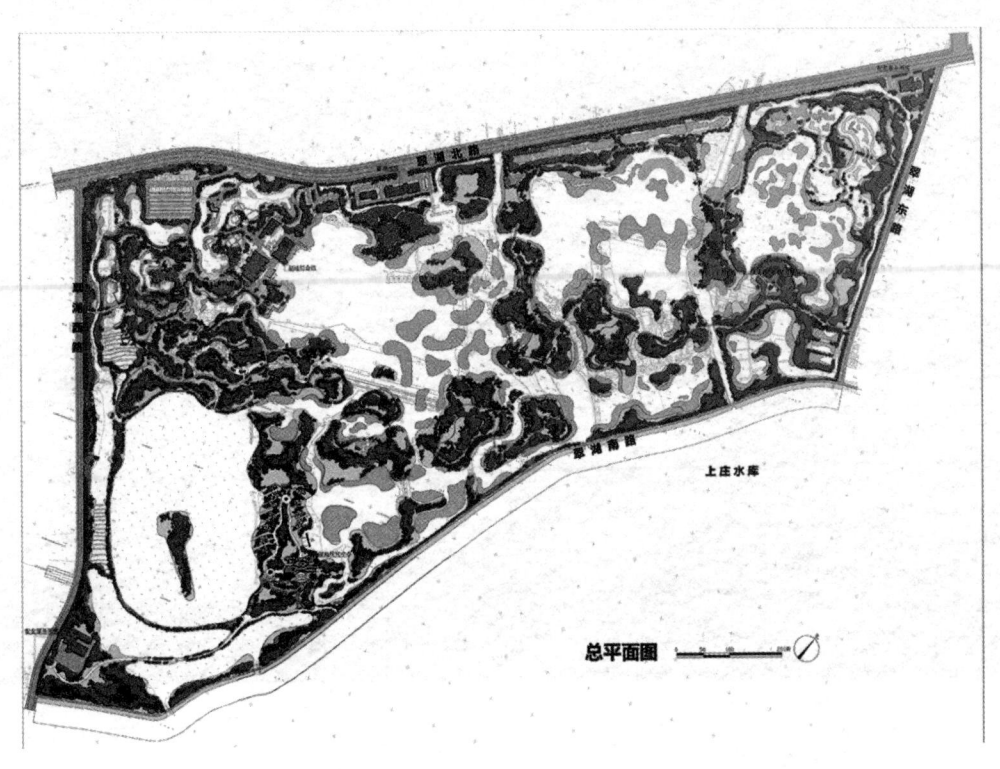

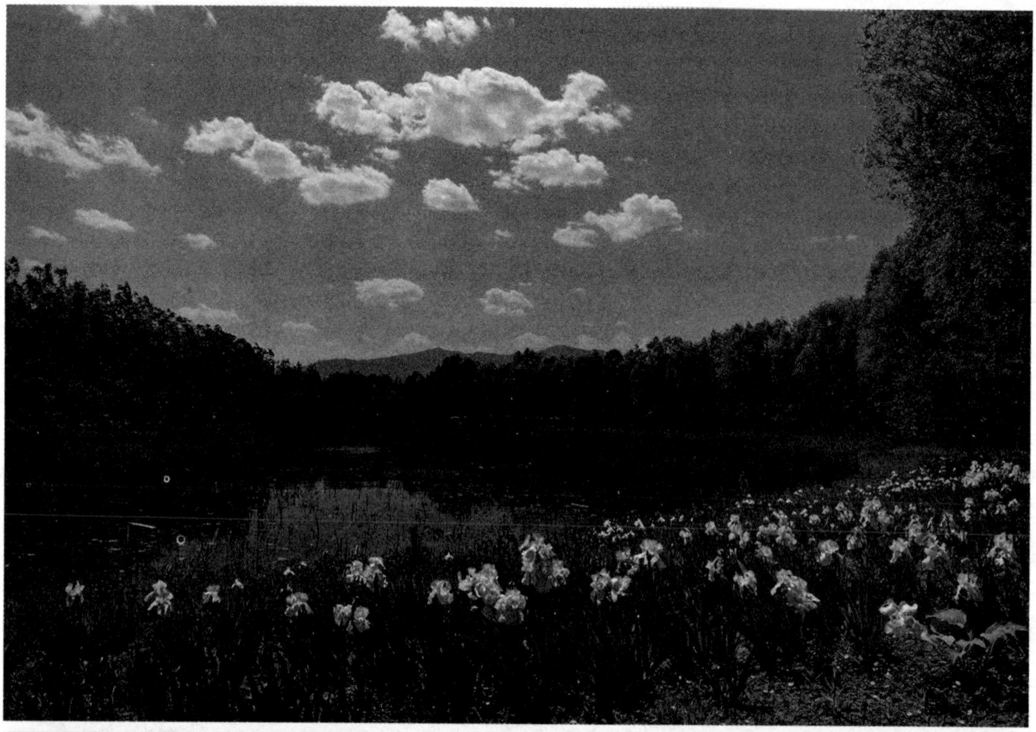

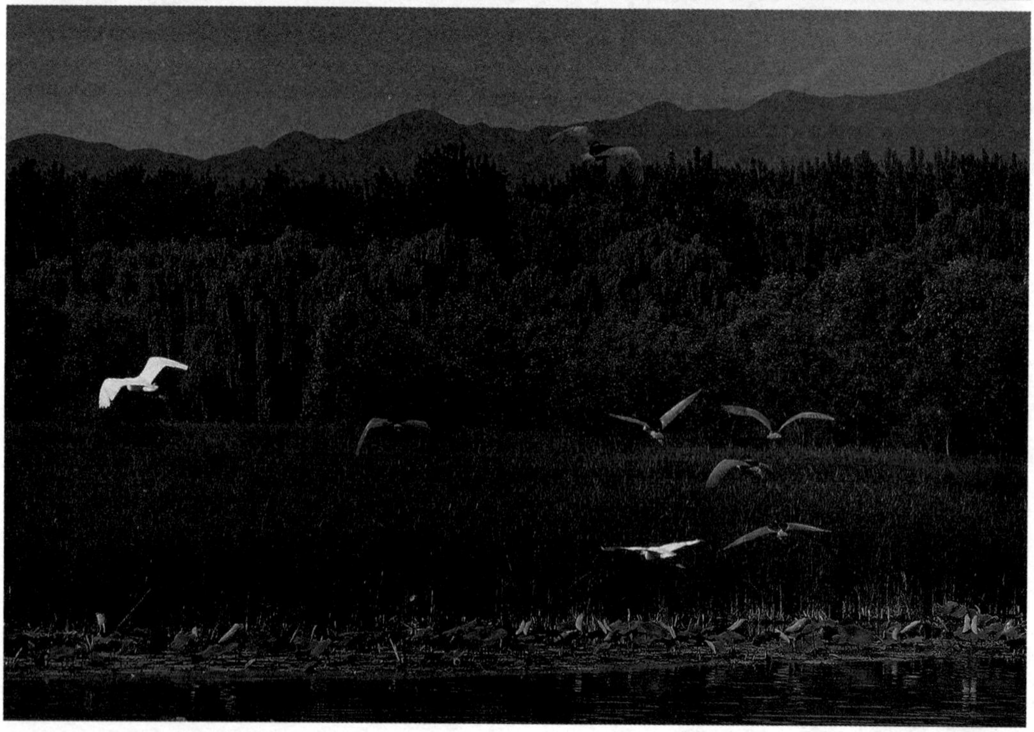

二、项目名称：海淀三山五园区绿道建设工程

所在地：海淀区。

建成时间：2014年。

项目概述：

三山五园绿道是北京市建成的首个市级绿道，东起清华大学西门，西至西山森林公园东门，北到万泉河支线河道南侧巡河道，南至长春健身园。设计总长度36.09km，建设面积为62.8hm²。

三山五园地区是指北京西郊清代皇家园林历史文化保护区，是我国现存皇家园林的精华。三山五园绿道堪称串联历史名园、景点最多的绿道，串联了香山公园、北京植物园、颐和园、圆明园、西山森林公园等大型历史名园和海淀公园、玉东公园、北坞公园、丹青圃公园等郊野休闲公园，清华大学、北京大学等高等学府，以及众多休闲娱乐设施和农业观光等绿色产业。如下图所示：

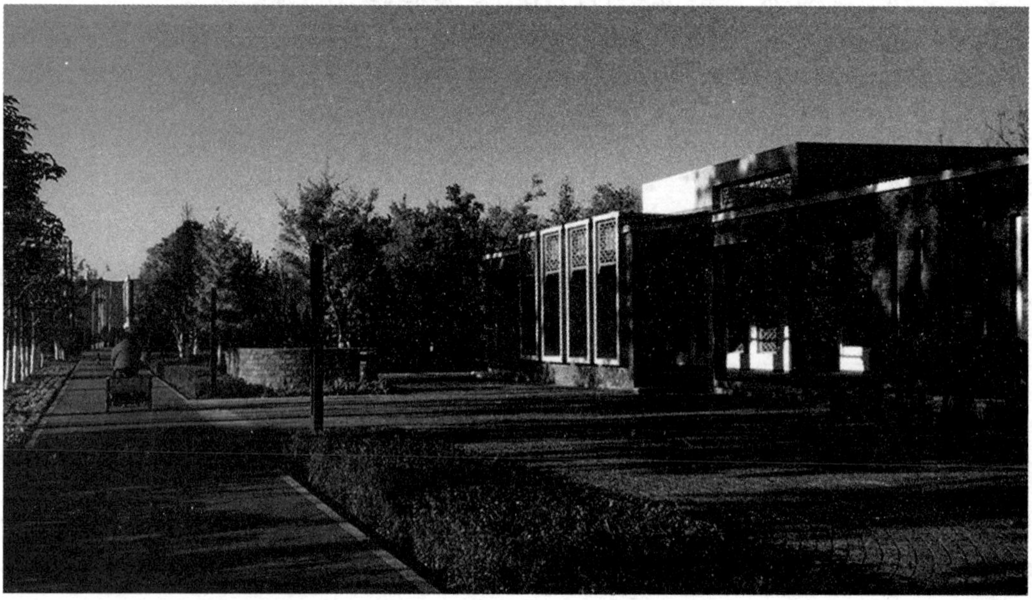

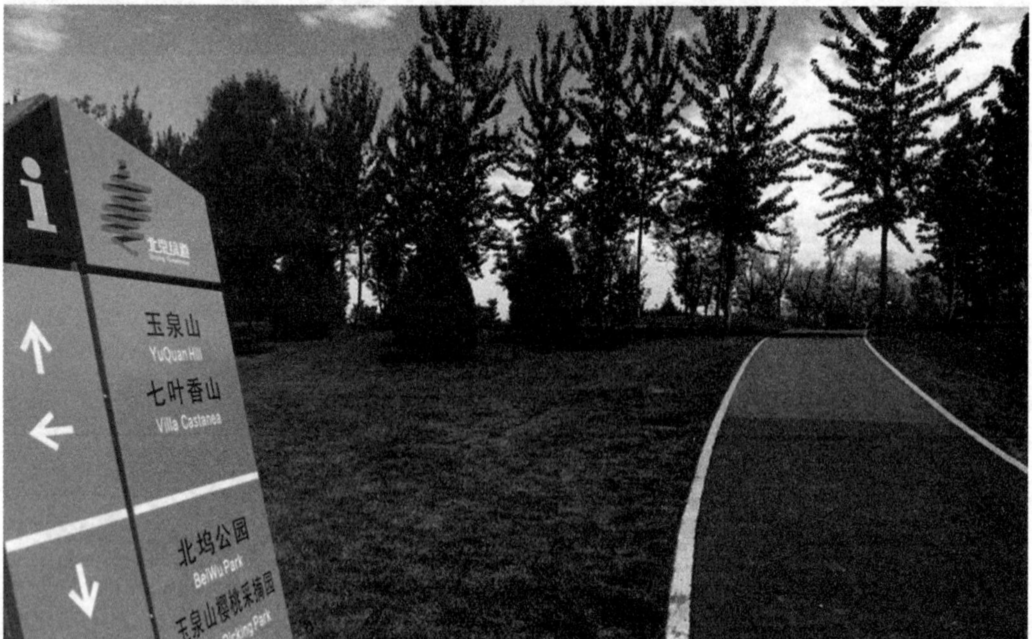

三、项目全称：北京市海淀区二十中附属实验学校屋顶绿化

所在地：北京市海淀区。

建成时间：2015 年。

项目概述：

设计前，现状屋面为水泥面层。设计后，在美化屋面的同时还考虑到了学校的实用性，运用木平台、彩色廊架、花圃等景观元素营造不同的活动空间，满足学校师生教学、科普、娱乐、休闲的多重使用需求。同时，与以往屋顶设计不同，还在该处增设空中课堂和实验园地区域，为学生实践提供了场地空间。

在小品的设计上，充分结合学校已有的校园主题风格，譬如代表分子螺旋形态的座椅也被运用其中，寓教于乐。植物搭配主要以地板和灌木为主，以小乔木作为点缀种植，增加整体造型的空间感和层次感，备受师生喜爱。本项目荣获"2017 年北京园林优秀设计三等奖"。如下图所示：

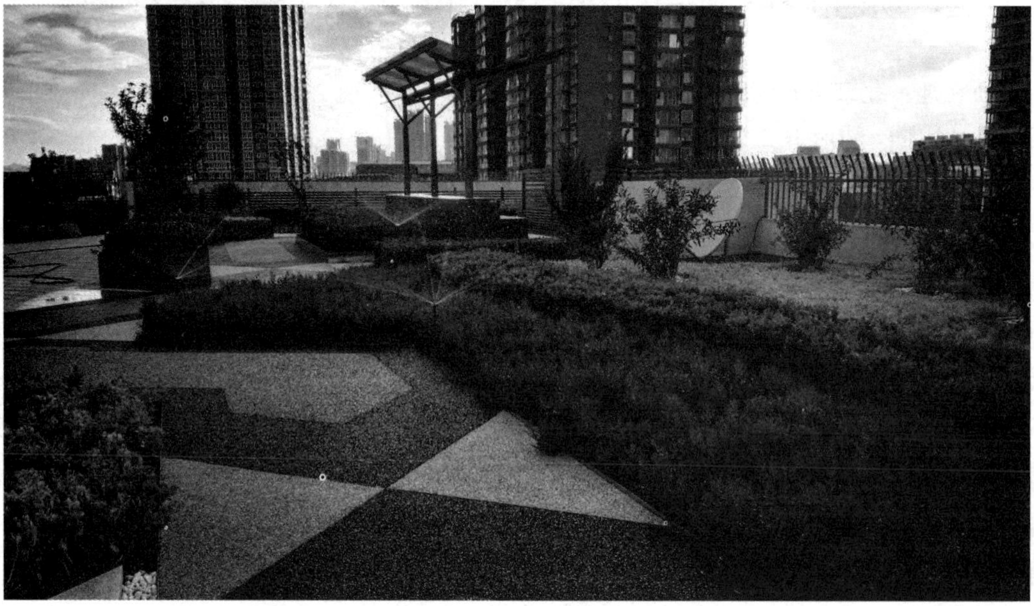

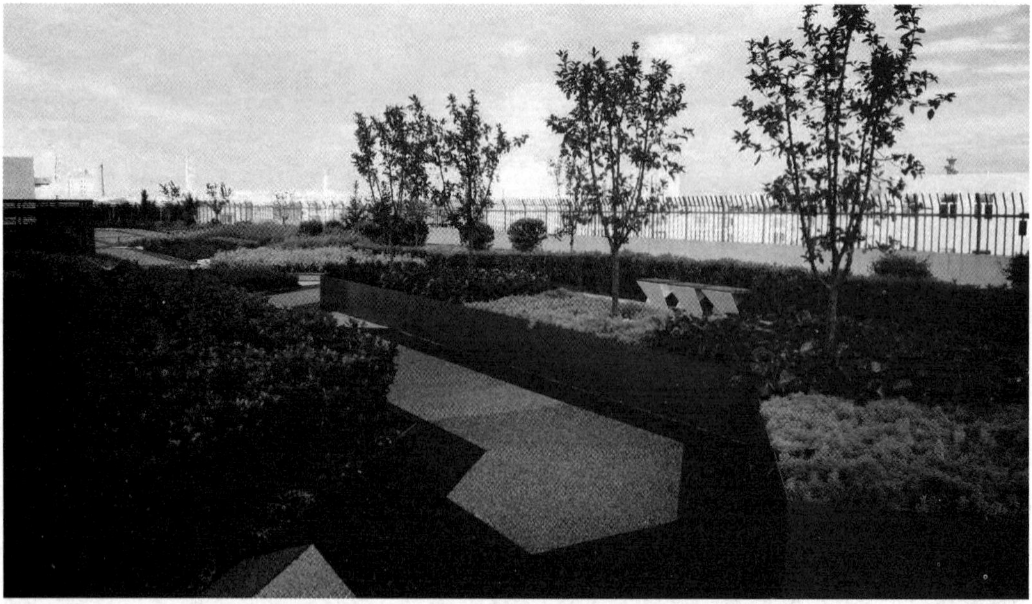

四、项目名称：大西山凤凰岭地区彩化工程

所在地：北京·海淀区·聂各庄。

建成时间：2013年。

项目概述：

大西山凤凰岭地区彩化工程位于海淀区聂各庄凤凰岭景区内。项目立足于凤凰岭当前的森林植被现状，在加强保护的基础上，通过科学合理的人工措施，加快森林演替，促进森林景观效果和生态功能提升，努力营造主题明确、构图优美、结构合理、色彩丰富、四季有景、景观独特的大西山森林。其与著名的香山红叶景区形成彼此呼应，营造京西著名秋季节特色。如下图所示：

风景园林与城市更新的研究与实践

第七章　城市更新背景下的风景园林设计思考与实践

五、项目全称：祁家豁子街头绿地景观设计

所在地：北京海淀区祁家豁子。

建成时间：2012年。

项目概述：

该项目位于北京市海淀区祁家豁子街区，为北起龙翔路口，南至北土城西路，东临八达岭高速，全长580m，平均绿地宽度20m的带状绿地。总面积约为1.2hm²，是本区域内极具景观价值提升潜力和可实施性的景观节点。

设计构思：

保护生态环境：关注和尊重基地自然资源，根据场地原有的景观形式来设计场地的新风格。

创造优美环境：场地空间采用现代手法，选用乡土植物群落，来展现地方景观特色，体现绿色生态理念。

提供适宜活动场地：在保护生态环境的前提下，运用环保铺装材料，提供大众所需的活动场地。

设计总体目标定位：

城市环境问题日益凸显：城市人口膨胀，环境严重污染，资源极度匮乏。

人民大众生活品质需求提高：渴望自然优美的现代生态园林景观。

最终目标：将该地块打造成具有地域性的生态系统，提供与周边商业、居住相和谐的集休憩、景观于一体的现代生态园林景观。如下图所示：

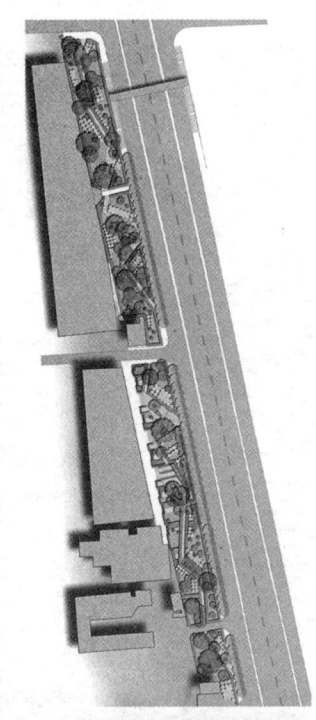

第七章　城市更新背景下的风景园林设计思考与实践

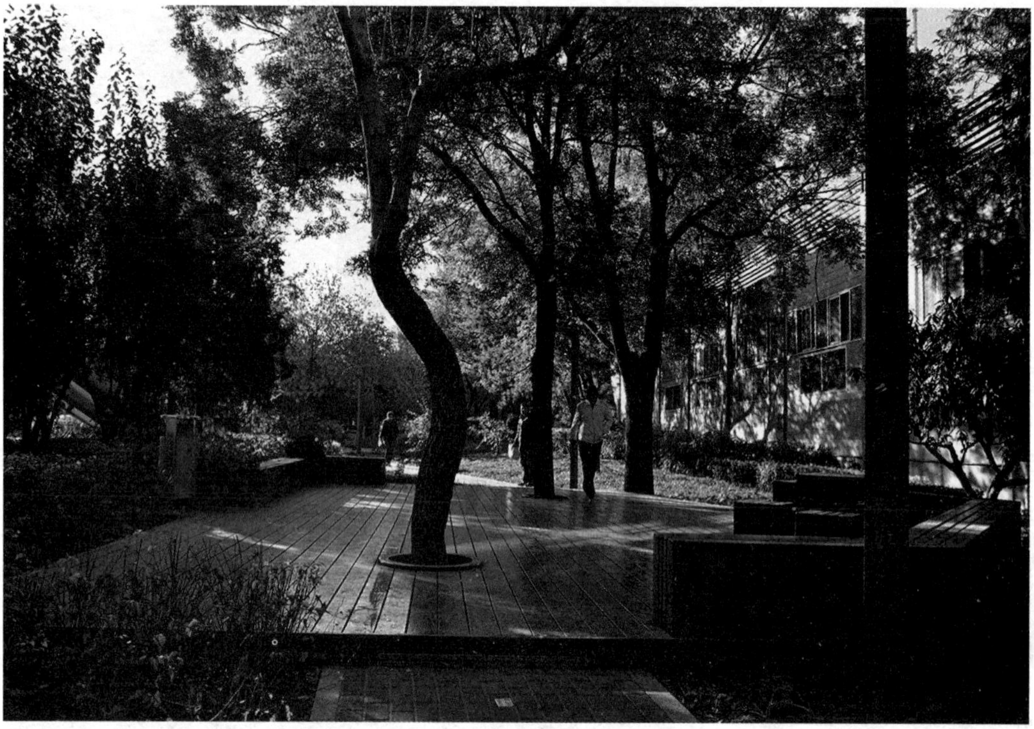

六、双泉堡楔形绿地工程项目（塔院城市森林公园）

公园地址：北京市海淀区健翔桥以北、清华东路以南、西临小月河、东抵京藏高速。

建成时间：2017年。

项目概述：

占地总面积14.36hm²，分为北园和南园两个部分。北园以休闲健身和森林科普为主，南园以体育健身和文化传承为主。区别于普通公园，塔院城市森林公园在设计上着力打造城市森林；展现"塔"和"村"的历史变化，融入科普体系，增强游园互动性；让公园成为地域文化的载体，通过合理的功能分区规划和不同的服务设施来满足各年龄段人群的活动需求。

场地内大量的现状植被为建设城市森林提供了基础条件，如何依托现状充分发挥楔形绿地的生态功能，是本项目设计的重点。

项目组提出运用近自然生境设计手法，促进物种多样性保护与抚育，打造"在繁华都市中品自然之美，享野趣之乐"的惬意场所。如下图所示：

风景园林与城市更新的研究与实践

七、2020年祁家豁子绿化建设工程设计

所在地：北京海淀区龙翔路。

建成时间：2021年。

（一）项目背景

1. 总体规划

党的十九大报告指出，要"加快生态文明体制改革，建设美丽中国"，将"美丽"写入强国目标，将"生态文明"提为千年大计，将"生态文明建设"纳入"两个一百年"的奋斗目标中。生态文明建设被提上前所未有的重要位置。

与此同时，进入"十三五"时期，国际政治经济格局面临深度调整，我国将全面建成小康社会，京津冀协同发展将不断深入，北京市将围绕"四个中心"城市战略定位，着力建设"国际一流的和谐宜居之都"。

2. 绿地系统

在北京市绿地系统规划中，本案位置位于八达岭—京包高速景观绿楔上，该绿楔为中心城区的十条楔形绿地之一，是连接城区与北京东北郊的小汤山风景区、十三陵风景区等的一条重要的生态廊道。

根据海淀区公园绿地规划，八达岭—京包高速景观绿楔由公园和防护绿带共同组成，其中公园从北到南依次为：碧水风荷（带状公园）、清河翠谷（带状公园）、清河滨河公园（综合公园）、小月河公园（带状公园）、北极寺公园（综合公园）、马甸公园（带状公园）。本案位置就位于北极寺公园与马甸公园中间区域。

现状绿地系统以防护林为主，一直延续至四环，三环至四环之间为建成公园。京藏高速一侧现状林地以毛白杨为主，水渠两岸以旱柳为主。

3. 公园规划

本项目祁家豁子绿化建设工程项目所在地，介于东三环到四环之间，处在小月河—八达岭高速绿道之上，在基地2000m辐射半径范围内，周边遍布居民区，整个区域人口密度大，人口构成稳定，人口年龄偏高。因此，构建大树庭荫的公共花园，为周边居民提供一定的面积以及功能多样的休闲活动场地，是本次设计的要点。

（二）设计范围

祁家豁子绿化建设工程总面积约5.25万㎡，共分为三个地块：龙翔路北段地块约3.1万㎡；小关西街北段地块约0.75万㎡；南段地块约为1.5万㎡。

主要为绿化用地及少量市政设施用地。场地周边主要为居住区，少量商务用地。

（三）设计内容

（1）主题定位：以"豁口"为设计原型，提升老百姓获得感的、活力的、生态的、森林的城市绿色公园。

（2）方案特色：多元功能、生态理念、林下空间。

（3）景观结构：一带、两区、多节点。

一带：以骨干树毛白杨雄株、旱柳形成京藏沿线防护林带林冠线连续性。公园的南北方向建立 2+1m 的跑道与步行慢行游览体系，不仅连通了南北绿道，同时又满足了游人的健身休闲需求。

两区：中部以一条连贯的微丘绿脉隔离市政道路带来的不良影响，园区东西两侧形成动静分区。

多节点：指园区内分布的景观节点。

景观生态林带：沿绿道形成开花乔木贯穿、林窗节点以花乔、花灌木为主题"住在牡丹园，漫步花园里"。种植围合成林中空间，形成小型的"林间花窗"，并留出透景线，形成整体舒朗大气、局部精巧别致的效果。

（4）交通规划：公园为开放性城市绿地，根据周边交通与用地情况设置 3 个主要出入口，5 个次要出入口与周围交通体系互通互联。根据公园的不同园区的景观特点及使用功能，形成跑步道、步行道、林中小径，将休闲健康、生态观赏、多元活动体验等功能场地串联成有机的整体。

（5）种植分区：

阳光草坪观赏区——草坪区以彩叶景观为特色、远景区以异色叶乔木为骨干分层种植。营建由乔木、灌木、多年生地被和组成的植物复合系统。

植物景观体验区——以近自然林带为主，异龄树、异色叶树穿插种植的区域。景观植物群落营建以近自然异龄林、近自然混交林、近自然复层林三种基本种植类型适当组合、合理布局。

现状林带改造区——结合植被现状，通过合理移栽、间植、补植等措施完善植被层次。开林窗：合理移栽，增大植物生长空间，同时丰富植物层次、品种，优化动植物生境。疏理林带：梳理林相，优化种植斑块，结合游憩适当提高植物品质，增加季相变化，提升林带的游览、观赏性。林下水网：现状林地内引入亚乔木作为下层乔木的混交方式进行异龄混交，结合林下水网提供动植物栖息环境。

（6）节点规划：全园共分为 13 处景观节点，充分体现城市公园多元功能的发挥，与历史文化、地域文化等相结合，为市民休闲游憩、健身观赏、多元活动创造良好环境。

（7）竖向规划：地块内地形平坦，配有一处豁口，小节点处进行微地形塑造，营造丰富的空间层次。

（8）城市家具：城市家具材质和色彩选择上以片岩、防腐木、锈钢板等与自然融合度较高的材质为原则，造型简洁。

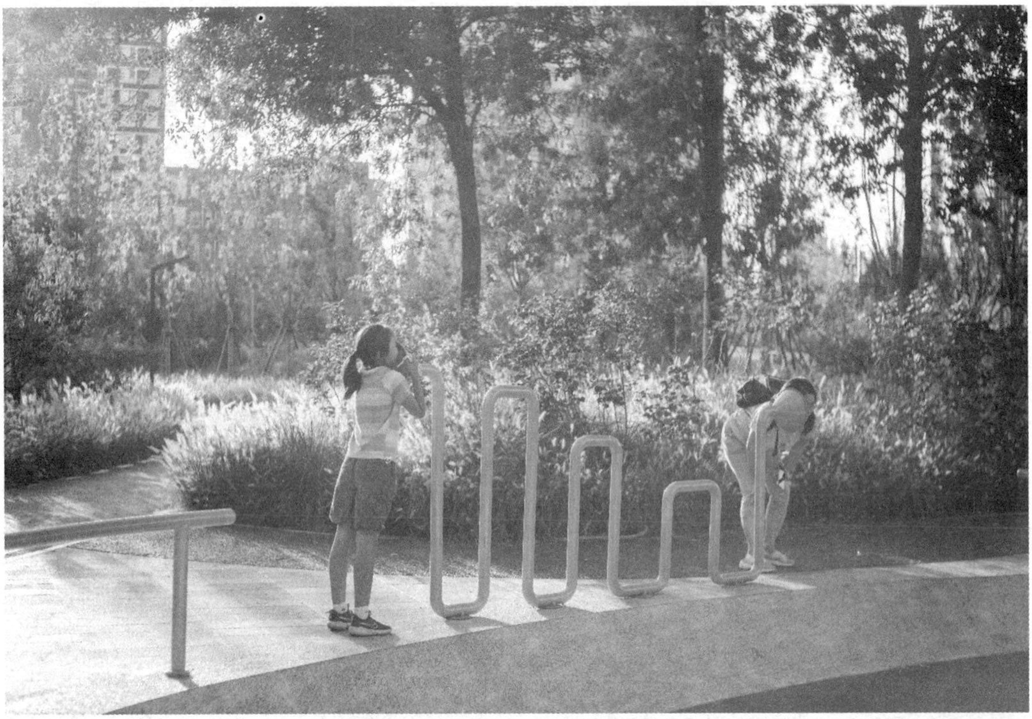

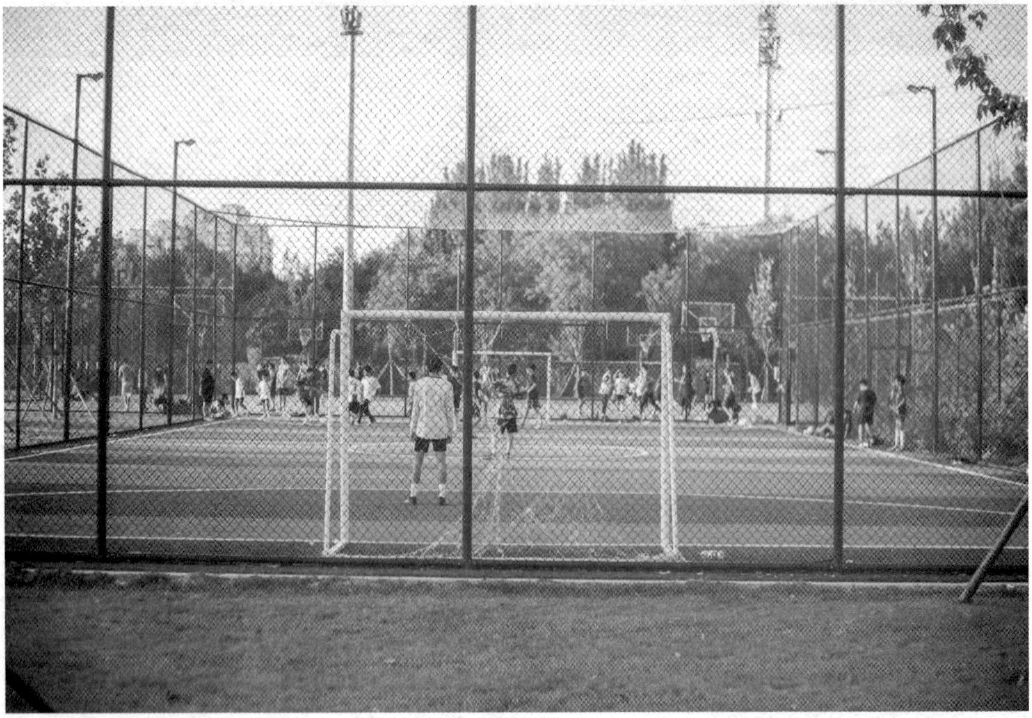

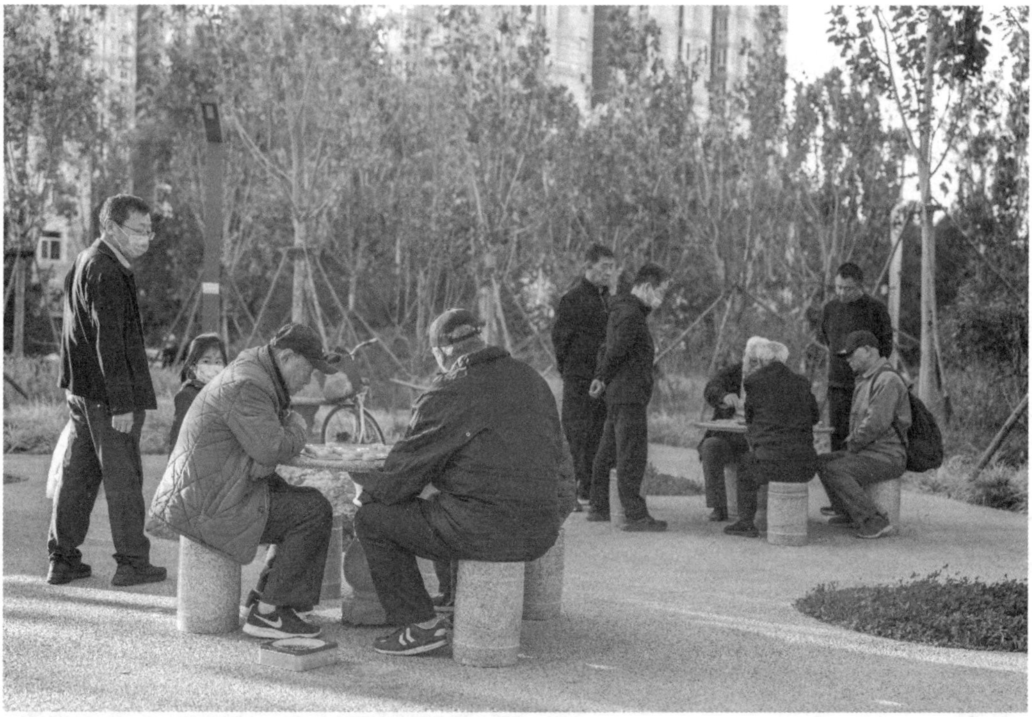

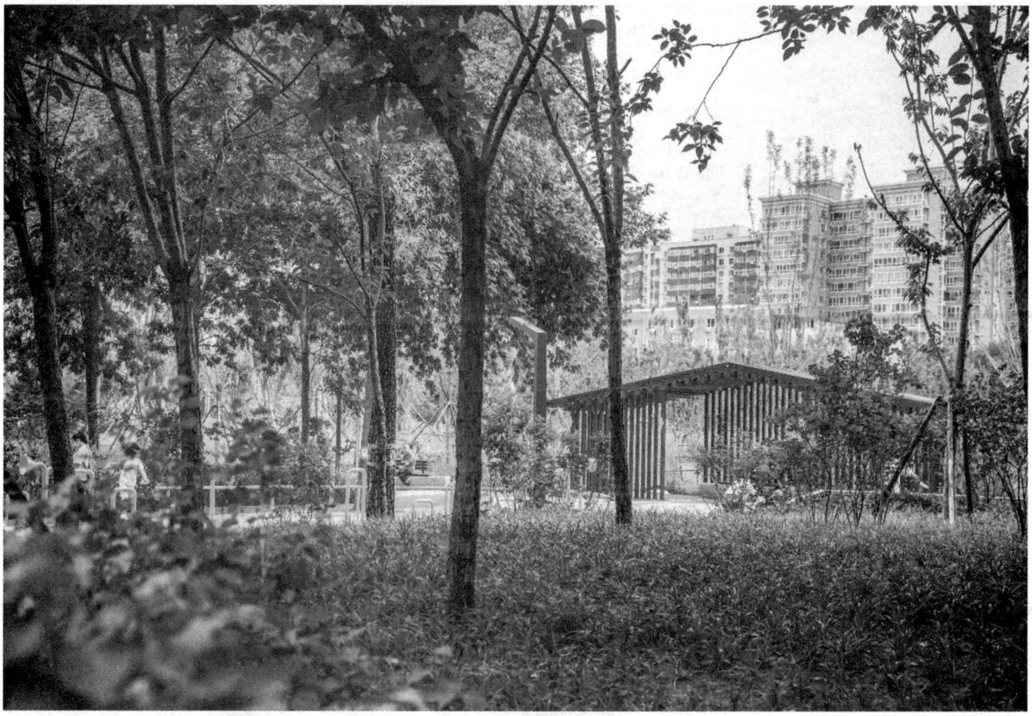

八、2020年京张铁路遗址公园绿化建设工程设计

所在地：北京海淀区。

建成时间：2022年。

（一）概述

京张铁路是中国人民自主修建的第一条干线铁路，百年京张，蕴含的民族精神成为国人永远的骄傲。京张铁路作为工业文明走进中国的象征，它的发展与变迁映射着中国百年发展的年轮，这是历史留给北京最宝贵和最有价值的一份工业遗产。京张高铁作为北京冬奥会保障工程，于2019年年底通车运营，其在海淀区内有约6km采用地下隧道的方式通行，被释放出的原有地面空间为沿线地区的更新与复兴带来重大机遇。为落实总规"留白增绿"、塑造高品质人性化公共空间要求，弥合东西交通联系，京张铁路遗址公园的规划研究和实施工作于2019年年初启动。遗址公园南起北京北站，北至北五环路，全长约9km，将服务海淀9个街镇。京张铁路遗址公园项目是一次政府统筹组织、多元主体参与、沿线居民建言献策、社会各界积极响应的共创之旅。

2017年11月，原北京市规划和国土资源管理委员会就京张铁路地上空间建设绿化景观走廊的请示获得市政府批复，将充分利用京张高铁入地后原地面空间，建设京张铁路遗址公园。

结合项目特点，更改项目名称为"京张铁路遗址公共空间提升改造工程"。

经调研，该区域主要存在以下问题：一是轨道交通割裂城市，地块可达性差。场地所在区域交通线路复杂，地块东西、南北向多处受到13号线、城市道路阻隔，桥下空间有待激活；区域周边聚集大量的高校和科研机构，城市联系被围墙和围栏阻隔；基地可供东西向穿越的通道较少，群众难以进入和穿越。二是铁路沿线风貌与周边区域缺乏协调。铁路沿线建筑多为老旧及临时性建筑，质量普遍偏低；桥下空间杂乱，空间融合性差；沿线景观缺失、空间利用不合理、停车混乱、交通拥堵、环境脏乱差、活动空间和设施缺失，整体现状与周边区域科创资源聚集地和国际人才交往平台的城市定位严重不符。三是现状铁路遗迹孤立，有待开发激活。现状铁路文化资源丰富，1960年清华园车站站房，废弃的京张铁路轨道，铁路沿线坡道牌、里志牌、桥梁牌等铁路遗迹亟须保护与利用。四是绿地开放空间缺失，地块利用率低。区域范围内人均公园绿地面积12.25㎡，低于全市的16㎡，京张铁路及沿线绿地开放空间较少，且分布零散，难以实现300m见绿、500m见园的市民需求。

为解决上述问题，并贯彻落实市领导重要指示精神，海淀区提出京张铁路遗址公共空间提升改造工程项目，结合方案比选和民意调研，编制了京张铁路遗址公共空间提升改造工程实施方案。

（二）项目概况

项目名称：京张铁路遗址公共空间提升改造工程。

建设和运营维护单位：北京市海淀区园林绿化局。

建设地点：位于北京市海淀区东部偏南位置，清华东路至知春路，项目地块为京张高铁入地后释放出来的地面线性空间和两侧闲置地块，总面积16.80hm²。包括三块内容，从北向南依次为：清华东路至成府路部分（面积23580m²）、成府路至北四环路部分（面积25590m²））、北四环路至知春路部分（面积118830m²））。

建设内容：完善路网结构，修建城市支路500m；依托老的京张铁路修建"步行、跑步和骑行"道2.5km；新建园路千米公里，新建30782万m²广场及活动场地；设置标准足球场和5人制足球场各1个、2个标准篮球场及各类全民健身设施；修复清华园火车站、新建景观廊架648m²，新建3个厕所和驿站，修建山景铁路桥；新建5000m²环丘和10000m²的快闪空间。种植树木及地被，新建照明、给排水、智慧化等设施。充分利用现状铁路元素，保护和恢复部分京张铁轨及铁路设施，展示铁路内涵与文化。打造校园文化与道口记忆公园、都市文化交流与互动广场、京张户外地质公园、铁路遗址自然荒野公园、铁路活力公园、铁路历史文化公园、京张健身公园、铁路社区公园等8个主题，形成集铁路、文化、生态于一体的都市生活文化区，展现百年京张铁路文化的无穷魅力。

（三）必要性和紧迫性

一是贯彻高质量发展理念，推进城市公共空间建设的紧迫要求。习近平总书记在中国共产党第十九次代表大会中指出，"我们要牢牢把握我国发展的阶段性特征，牢牢把握人民群众对美好生活的向往，提出新的思路、新的战略、新的举措"。在城市建设过程中要以习总书记提出的"两个牢牢把握"为前提，贯彻高质量发展理念，通过对城市公共空间的改造利用，促进城市基础设施、公共服务设施均衡布局，做到统筹兼顾、优势互补，合理分享公共资源，使居民生活环境得到明显改善，人民生活不断向更高水准、更高品质迈进。随着中央政策升级，城市更新将上升为国家战略，2021年两会政府工作报告再次提出"十四五"时期要"实施城市更新行动，提升城镇化发展质量"，未来五年城市更新力度将进一步加大。京张铁路遗址公共空间提升改造工程作为北京城市更新示范性建设项目，立足居民实际需求，提升百姓生活品质，聚焦城镇低效用地再开发，洞察城市更新发展新路径，以创新设计助力城市高质量发展。

二是改善轨道两侧用地割裂现状，织补缝合城市空间的重要手段。项目所在区域交通线路复杂，南北向被数条城市道路切割，轨道交通造成城市空间割裂。高校及科研机构大院造成区域主干路网密度较低，用地混杂造成城市支路杂乱，缺乏系统；南北向穿越的13号线在学院南路至四环路区段落地，造成东西向交通存在一定割裂。项目建设通过关键点引入活动、注入活力以激活整个场地，借助京张铁路遗址公共空间提升改造工程得以"缝合"空间，消除铁路旧线对两侧城市空间的切割和视觉隔离，做好交通组织和功能布局，以线带面，将割裂的线性廊道转变为连接周边社区、高校的公共空间网格，将轨道两侧居民的生活逐渐弥合，提升可达性和出行体验；同时也成为提升周围城市空间品质的契机，给周边区域带来重新激活的机遇和潜力。

三是梳理沿线用地权属，激活释放土地资源，促进沿线空间利用的重要举措。铁路沿线涉及地块权属情况错综复杂，用地管理涉及铁路部门、交通部门、乡镇、街道等多部门，通过沟通协商，各权属单位均同意并支持京张铁路遗址公共空间提升改造工程建设。借助本次项目建设的机遇，能够系统梳理沿线用地权属、完成用地协调和地上物清理；可以改善土地低效利用的现状，带动铁路沿线的用地更新，盘活存量建设用地，优化周边用地布局；通过空间联系创新土地利用策略、激活土地资源，促进沿线空间利用。利用行政与设计手段结合的方式推进城市更新，为未来此类型的公共空间项目营造树立典范。

四是公众参与公共空间提升的重要触媒，是探索多元共建共治的生动实践。京张铁路遗址全线约9km，项目建成后将服务沿线7个街镇、10所高校、近70个社区，将成为探索多元共建共治共享现代化城市治理理念的生动实践，并作为公众参与公共空间提升的重要触媒，在规划实施全过程中保持广泛关注度和参与度。在概念方案征集阶段，累计有超过10万余人次公众参与网上评选投票，公众投票结果与专家评审结果高度一致，并得到中央、市区、互联网媒体多次专题报道，规划、景观、建筑、铁路等多个领域公众平台转发引起业内人士的极大关注，收到诸多专业领域的宝贵意见。新华社两次报道浏览量破百万，受到居民广泛关注。

五是深度聚焦群众需求，提升周边区域整体生活质量的具体体现。项目周边临近高校、科研机构和企业，地理位置重要，区域现状与科技创新、文化传承、生态景观的定位不符。通过前期对周边群众和铁路爱好者的访谈和调研，发现反馈问题集中于铁路阻隔交通、大院围墙封闭、道路两侧商业活动干扰交通、局部拥堵、公共服务设施水平低下、城市记忆消失、缺少娱乐设施和活动空间等方面，群众希望以保留铁路原貌、提升空间活力和增加体育运动场地等内容为主，对文化娱乐设施和科技元素也大力提倡，同时要保存好城市记忆。希望城市日常生活和铁路文化有机融合，在家门口就能接触到京张铁路等精神文化内涵。本次项目建设聚焦人民群众需求，打造一个舒适、安全、整洁、有特色、多功能、多体验的人性化公共空间。

六是完善绿色空间体系，沟通城市南北生态联系的现实需要。项目作为北京城市内部大型带状城市用地，在串联城市功能的同时，与周边各种规模城市绿地一起组成连续的蓝绿体系格局，促进城市绿地生态效益的增益。地块周边拥有丰富的公园绿地资源，京张铁路遗址公园将成为串联整个区域公园蓝绿系统的南北向关键动脉。本项目充分借助区域环境优势，与周边已建成公园形成绿地有机衔接。项目远期将建成京张绿廊全线慢行系统贯通工程，全长9km，京张遗址公园绿廊可填补北京中心城区西北方向通风空缺，成为北京市西北环通风廊道的潜力。未来，京张绿廊北接清河绿廊，形成一横一纵十字绿链，是首都中心城区绿廊"0"的突破；同时，作为三山五园片区的东边界，将构建联动生态的功能网络。

七是传承京张铁路文化内涵，打造城市新地标的重要手段。基于项目铁路遗址的基底，要做好铁路遗址保护，尽量保留铁路相关元素；将其与景观、艺术、旅游、科技、文化等融合，打造既有原生态景观，又有现代化城市印记的公共空间，让更多人能在此体验到浓浓的铁路文化氛围，重温难忘的历史回忆，在更深层次上感受到京张铁路乃至中国铁路所昭示的中华民族奋发图强的精神力量。借助铁路文化资源优势和特色，将项目地打造成为城市新地标，吸引周边居民、全市居民及外来游客参观游览，重拾铁路文化记忆，感受中国铁路发展的辉煌成就。

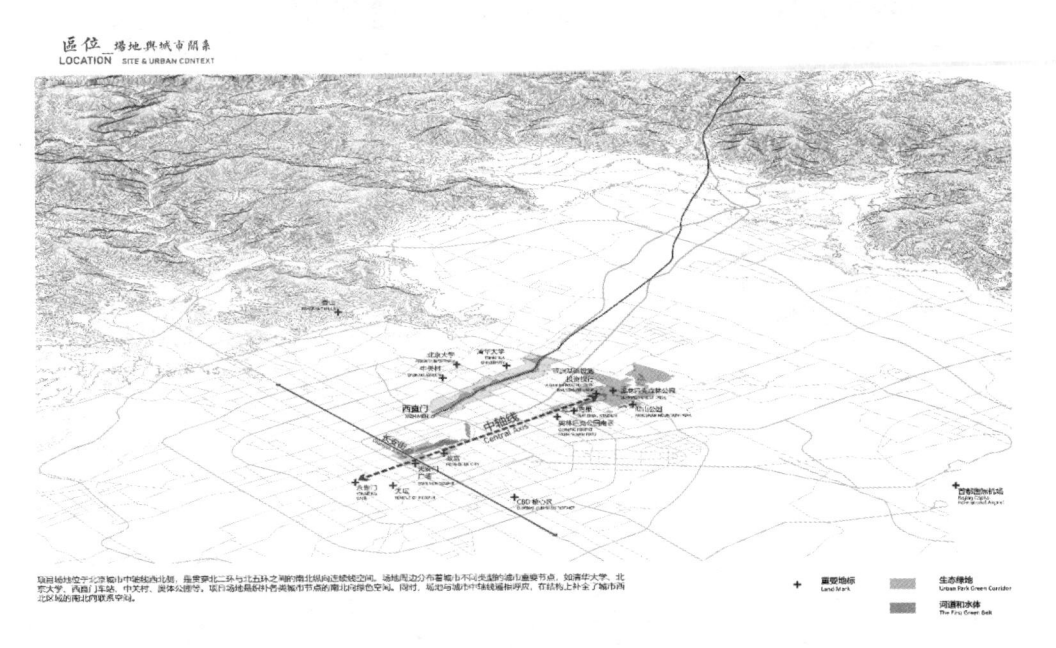

风景园林与城市更新的研究与实践

京张历史研究 — 京张历史站路及路线图
JZ HISTORICAL STUDY BEIJING ZHANG HISTORICAL SITE AND ROAD MAP

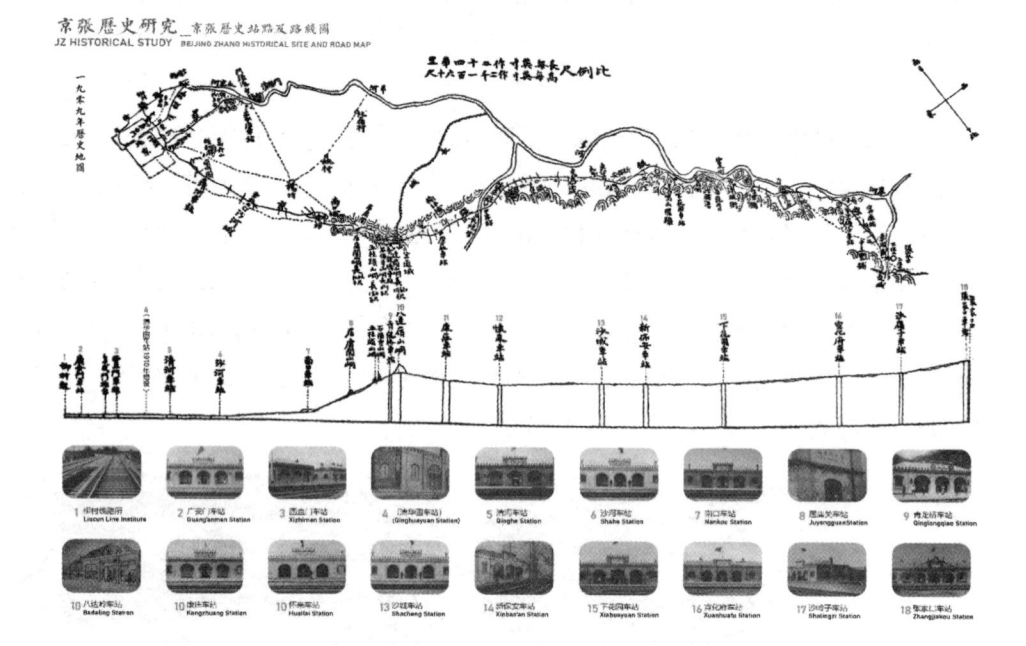

京张历史研究 — 詹天佑创制举
JZ HISTORICAL STUDY ZHAN TIANYOU'S INITIATIVE WORK

"詹式挂钩" —— 保证车厢连接安全的"铁手"
SHAFT EXCAVATION METHOD

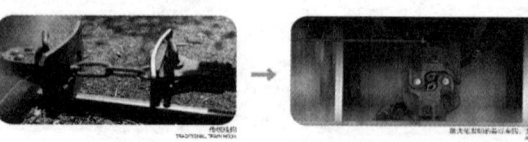

最早机车之间的连接就是用普通的铁链，将需要连接的车厢在连接处挂钩在一起，这种连接方法费时费力还不牢固，上坡时受力大，大弯道脱钩下，下坡时容易出现直角超限，所以经常出现安全事故。
The earliest connection between locomotives is to tie the carriages that need to be connected together at the connection. This connection method is time consuming and laborious, and it is easy to disconnect when the force is too great when go-up (up), and it is easy to saltpate and cockle when going down (vi), so there are often safety accidents.

詹式机车挂钩就像两只铁手一样，安装在车厢的前端，在铁手的掌心藏着一个"机关"，乘以只要两只铁手一碰，就激活了"机关"就会紧紧握在一起，机车挂钩主要最由钩身、钩舌、钩舌销、钩舌销提升杆组成。布在钩头内部还有钩身，钩舌销、钩舌销提升杆机构。
Zhan type locomotive hooks is like two iron hands, installed in the front of the carriage, there is a "mechanism" in the palm of the iron hand, so as long as the two iron hands touch, trigger the "mechanism" will be hold tightly together. The locomotive hook is mostly composed of hook head, hook body and hook tail, and inside the hook head there are hook tongue, hook tongue pin, latch push iron and hook tail iron.

苏州码子 —— 车站的活字典
SHAFT EXCAVATION METHOD

```
0 1 2 3 4 5 6
〇 〡 〢 〣 〤 〥 〦
7 8 9 10 20 30
〧 〨 〩 十 廿 卅
```

苏州码子又称苏州码，花码码，商码，草码，番码等是中国现的行一种已在中国传统数字，产生于中国的苏州，由中国的算盘演变而来。因为苏州码子易学习，书写便捷，一度数字都旦能写出（同阿拉伯数字就不相），而且写法如眼簿，可以像黑业使用，所以曾被广泛使用于军业中，京张铁路修建的工基期间，"苏州码子"来作注站的用途，这也验证了这条铁路是中国人自己修建的，京张站行未年间，有七块半石刻，上面的是"苏州码子"，今天，七块半石刻依然放在清龙桥车站。
Suzhou code, also known as Flower code, grass code, Angcai code, Talwan code, public code, Ton-Chai code, business code, or code for short, is a traditional Chinese number that was once popular in folklore and was created in Suzhou, China, evolving from the Chinese abacus. Because Suzhou code is easy to learn, easy to write, a series of numbers can be written out (Arabic numbers can not), and write like an abacus, can be used with the abacus, so it was widely used in business, Beijing-Zhang railroad construction In the use of "Suzhou code" to mark the length and height, which also verifies that the railroad is the Chinese that railway was built by the Chinese themselves. At Qinglongqiao Railway Station, there are seven and a half stone monuments important with "Suzhou Yards". Today, the seven and a half stone monuments are still placed in the Qinglongqiao Station.

京张铁路工程的设计与修建中，不仅有大尺度的工程修建奇迹，也有许多充满创意的小发明，这些一个又一个充满细节的发明，保障了京张铁路的畅通与平稳运作，也成为了中国铁路文化和历史的重要部分。

第七章　城市更新背景下的风景园林设计思考与实践

京张铁路周边区域是
北京最主要的科创资源聚集地

海淀区是北京最主要的科创资源聚集地。
京张铁路周边高校和国家级研究机构云集，众多创新企业
群聚，是北京最主要的科创资源聚集地。科创企业分布密
度超过800家/km²，远超全市中心城平均水平

参考文献

[1] 曾艳. 风景园林艺术原理 [M]. 天津：天津大学出版社，2015.

[2] 陈发棣，房伟民. 城市园林绿化花木生产与管理 [M]. 北京：中国园林出版社，2004.

[3] 陈其兵. 风景园林植物造景 [M]. 重庆：重庆大学出版社，2012.

[4] 陈晓刚. 风景园林规划设计原理 [M]. 北京：中国建材工业出版社，2020.

[5] 陈筝. 科研成果在风景园林实践中的作用 [M]. 南京：东南大学出版社，2016.

[6] 迟艳. 风景园林设计 [M]. 北京：新华出版社，2014.

[7] 董莉莉. 风景园林遗产保护与利用 [M]. 北京：中国农业大学出版社，2017.

[8] 樊欣，徐瑞. 风景园林快题设计方法与实例 [M]. 北京：机械工业出版社，2015.

[9] 顾小玲，尹文. 风景园林设计 [M]. 上海：上海人民美术出版社，2017.

[10] 韩冬，丛林林，郑文俊. 景园匠心：风景园林色彩基础 [M]. 武汉：华中科技大学出版社，2020.

[11] 韩玉林，张万荣. 风景园林工程 [M]. 重庆：重庆大学出版社，2011.

[12] 黄维. 传统文化语境下风景园林建筑设计的传承与创新 [M]. 长春：东北师范大学出版社，2019.

[13] 孔德静，张钧，胥明. 城市建设与园林规划设计研究 [M]. 长春：吉林科学技术出版社，2019.

[14] 李开然. 风景园林设计 [M]. 上海：上海人民美术出版社，2014.

[15] 李贞，薛金国，李山. 城市园林设计理论与实践 [M]. 北京：中国农业大学出版社，2013.

[16] 刘佳. 风景园林文化研究 [M]. 北京：光明日报出版社，2017.

[17] 刘洋. 风景园林规划与设计研究 [M]. 北京：中国原子能出版社，2020.

[18] 龙剑波，刘兆文，刘君. 中国风景园林建筑 [M]. 北京：北京工业大学出版社，2018.

[19] 陆楣. 现代风景园林概论 [M]. 西安：西安交通大学出版社，2007.

[20] 路萍，万象. 城市公共园林景观设计及精彩案例 [M]. 合肥：安徽科学技术出版社，2018.

[21] 梅显才，梅涵一. 城市园林绿化规划设计 [M]. 郑州：黄河水利出版社，2013.

[22] 邱冰，张帆. 风景园林设计表现理论与技法 [M]. 南京：东南大学出版社，2012.

[23] 陶联侦，安旭. 风景园林规划与设计从入门到高阶实训 [M]. 武汉：武汉大学出版社，2013.

[24] 王东风，孙继峥，杨尧. 风景园林艺术与林业保护 [M]. 长春：吉林人民出版社，2021.

[25] 吴卫光. 风景园林设计 [M]. 上海：上海人民美术出版社，2017.

[26] 武静. 风景园林概论 [M]. 北京：中国建材工业出版社，2019.

[27] 徐文辉. 城市园林绿地系列规划 第4版 [M]. 武汉：华中科技大学出版社，2022.

[28] 杨至德. 风景园林设计原理 [M]. 武汉：华中科技大学出版社，2009.

[29] 尤传楷. 园林城市文化 [M]. 合肥：安徽科学技术出版社，2005.

[30] 于晓，谭国栋，崔海珍. 城市规划与园林景观设计 [M]. 长春：吉林人民出版社，2021.

[31] 袁犁. 风景园林规划原理 [M]. 重庆：重庆大学出版社，2017.

[32] 张付根，薛金国，尤扬. 城市园林设计 [M]. 北京：中国农业大学出版社，2008.

[33] 赵小芳. 城市公共园林景观设计研究 [M]. 哈尔滨：哈尔滨出版社，2020.

[34] 朱宇林，周兴文，黄维. 基于生态理论下风景园林建筑设计传承与创新 [M]. 长春：东北师范大学出版社，2019.